中国气象局气象探测中心地面气象观测自动化系列丛书

新型自动气象站实用手册

中国气象局气象探测中心　编著

气象出版社
China Meteorological Press

内容简介

本手册以地面气象观测台站应用的观测设备为背景,结合地面气象观测自动化的业务要求和技术特点编写而成。

本手册共两篇八章,第一篇为地面气象观测系统基础知识,第二篇为地面气象观测系统实用技术,主要内容包括传感器、综合集成硬件控制器、新型自动气象站和气象辐射观测系统等设备的组成结构、主要功能、工作原理、技术参数、安装要求、检测维护和日常维护,可供广大地面气象观测业务人员参阅。

图书在版编目(CIP)数据

新型自动气象站实用手册 / 中国气象局气象探测中心编著. -- 北京:气象出版社,2016.5(2024.6 重印)

ISBN 978-7-5029-6343-9

Ⅰ. ①地… Ⅱ. ①中… Ⅲ. ①自动气象站-手册 Ⅳ. ①P415.1-62

中国版本图书馆 CIP 数据核字(2016)第 085555 号

Xinxing Zidong Qixiangzhan Shiyong Shouce

新型自动气象站实用手册

中国气象局气象探测中心　编著

出版发行:气象出版社
地　　址:北京市海淀区中关村南大街 46 号　　　邮政编码:100081
电　　话:010-68407112(总编室)　010-68408042(发行部)
网　　址:http://www.qxcbs.com　　　**E-mail:** qxcbs@cma.gov.cn
责任编辑:张锐锐　王凌霄　吴晓鹏　　　终　审:邵俊年
责任校对:王丽梅　　　　　　　　　　　　责任技编:赵相宁
封面设计:易普锐创意
印　　刷:三河市君旺印务有限公司
开　　本:787 mm×1092 mm　1/16　　　　印　　张:17
字　　数:450 千字
版　　次:2016 年 5 月第 1 版　　　　　　印　　次:2024 年 6 月第 4 次印刷
定　　价:88.00 元

序

加快实现地面气象观测自动化，稳步推进观测技术现代化，是中国气象局给地面气象观测业务发展提出的明确要求。近年来，中国气象局气象探测中心围绕地面观测自动化和观测技术现代化开展了大量的技术调研、研究试验和业务试点工作，建立了以新型自动气象站及云、天、辐射等观测设备为核心，以综合集成硬件控制器为重要集成设备的自动化观测系统，为地面气象观测自动化提供了有力的支撑，使地面气象观测系统自动化程度更高，综合集成处理能力更强，系统功能更加完备。

实现地面气象观测系统现代化是基层台站的气象现代化的重要标志。随着地面气象观测自动化业务的不断推进，我国地面气象观测业务已转变为以新型自动气象站为主的自动观测业务系统。为了保证该业务系统能稳定可靠运行，能在气象业务和服务中充分发挥作用，其中一个重要措施就是加强技术保障队伍建设，通过提高技术人员对设备的日常维护和保障维修能力，提升地面气象观测数据质量。

由中国气象局气象探测中心编写，气象出版社编辑出版的《新型自动气象站实用手册》，从新型自动气象站的工作原理出发，充分结合观测设备的技术参数、安装要求、检测与维护和日常维护，图文并茂地介绍了各部件使用和维护方法，为基层台站一线工作人员和装备保障技术人员学习、掌握新型自动气象站，提供了参考资料，满足了广大地面气象观测业务一线人员的需要。

希望该手册能为地面气象观测一线业务人员更好掌握新型自动气象站的实用技术、提高业务技术能力起到积极作用。

中国气象局气象探测中心主任：李良序

2016 年 5 月

前　言

随着我国地面气象观测自动化工作的不断推进，中国气象局地面气象观测业务进行了多次改革调整，自 2012 年 4 月以来，地面气象观测台站取消了大部分常规气象要素的人工观测任务，调整了人工定时观测时次，升级换代了自动气象站和辐射观测系统，逐步实现了云、能见度、天气现象、固态降水、雪深等气象要素自动化观测，新增了观测设备集成化程度更高的综合集成硬件控制器。为了保证这些新型自动观测站的正常运行，需要广大基层地面气象观测员和装备保障技术人员很好的掌握这些自动气象站的使用、维护知识，而目前地面气象观测业务人员主要还在使用 2007 年气象出版社编辑出版的针对 II 型自动气象站的《自动气象站实用手册》和厂家提供的设备使用手册，难以满足地面气象观测一线业务人员的需要。

为此，中国气象局气象探测中心在《自动气象站实用手册》的基础上，结合地面观测业务现状，修订了系列地面气象观测设备功能规格书、筛选了各厂家提供的设备使用手册，编写了一本面向广大地面气象观测一线业务人员，有针对性的介绍地面气象观测系统的使用维护技术手册。

本手册由中国气象局气象探测中心组织编写，曹晓钟、王柏林主持编写，张鑫、王建凯（观测司地面处）、赵宝义（安徽装备中心）、徐明芳（广西装备中心）、张振鲁（青岛市气象局）等同志参加编写，王柏林、张鑫、张振鲁、幺伦韬（河北装备中心）、宋树礼（山东省莒县气象局）、严家德（南京信息工程大学）等同志负责统稿和校对。在此，编写组向为本书编写提供技术材料的各厂家、提出修订意见的专家和同行表示衷心的感谢！由于编者水平有限，书中不足之处，恳请广大专家和读者提出宝贵意见和建议。

编者

2016 年 5 月

目 录

第一篇

地面气象观测系统
基础知识

第1章 概 述

1.1 地面气象观测业务发展现状

20 世纪 50 年代末,前苏联、美国等国家有了第一代自动气象站,但是结构简单、观测要素少、准确度低。60 年代中期的第二代自动气象站能够适应各种比较严酷的气候条件,但未能很好地解决资料存储和传输问题,无法形成完整的自动观测系统。70 年代的第三代自动气象站大量采用了集成电路,实现了软件、硬件模块化,单片机的应用使自动气象站具有了较强的数据处理、记录和传输能力,并逐步投入业务使用。进入 90 年代以后,自动气象站在许多发达国家得到了迅速的发展,建成了业务性的自动观测网,如美国的自动地面观测系统(ASOS)、日本的自动气象资料收集系统(AMeDAS)、芬兰的自动气象观测系统(MILOS)和法国的基本站网自动化观测系统(MISTRAL)等。

我国的自动气象站研制工作始于 20 世纪 50 年代后期,是在学习美国和芬兰等发达国家自动气象观测站的基础上开展的自主研发设计,伴随着现代电子测量、自动控制、通信网络等新技术快速发展,国产自动气象站技术也逐渐成熟,到 90 年代中期,中小尺度天气自动气象监测站网在长三角、珠三角地区建站运行。90 年代后期,国内第一代自动气象站设计定型,并获准在业务中使用,开始在全国地面气象观测台站进行布网建设。2009 年全国 2400 多个地面气象观测站全部实现了温度、湿度、气压、风速、风向、雨量等基本气象要素的观测自动化,观测准确度达到世界气象组织观测要求。但是,第一代自动气象站仍然存在以下不足:其一,自动气象站型号多达 12 种,技术规格和数据格式不统一,给台站观测设备维护工作带来困难;其二,部分观测项目(如云、能见度、天气现象等)还主要靠人工观测,无法实现自动观测。

为了加快地面气象观测业务改革和推进气象观测自动化建设,2008 年中国气象局编制了新型自动气象站功能规格需求书,提出了标准化、模块化、集约化的设计思路,统一了自动气象站的设计要求,经过 4 年的测试与对比观测试验后,于 2012 年先后对上海长望气象科技股份有限公司生产的 DZZ3 型自动气象站、江苏省无线电科学研究所有限公司生产的 DZZ4 型自动气象站、华云升达(北京)气象科技有限责任公司生产的 DZZ5 型自动气象站、中环天仪(天津)气象仪器有限公司生产的 DZZ6 型自动气象站和广东省气象计算机应用开发研究所生产的 DZZ1-2 型自动气象站等五个型号自动气象站完成了设计定型,在业务中推广使用。同时,于 2010 年编制了称重式降水观测仪、能见度观测仪、雪深观测仪、综合硬件集成控制器等设备的功能规格需求书,组织了设备的测试和试验,完成了设计定型。

2015 年底实现全国所有地面气象观测台站更新为以新型自动气象站为核心、综合硬件集成技术为手段的地面气象观测业务体系。当前亟需全面提升测报业务人员的技术水平,使其掌握新型观测设备的安装、使用、维护、维修等技术,以保障气象业务现代化的顺利开展。

1.2 地面气象观测自动化系统组成

本手册所指的地面气象观测自动化系统是根据观测台站所承担的地面气象观测业务而组建的系统,即台站观测系统,包括以新型自动气象站及云高、云量、天气现象、辐射等观测设备为核心的自动化观测系统和综合集成硬件控制器两部分,系统组成结构如图 1.2-1 所示。

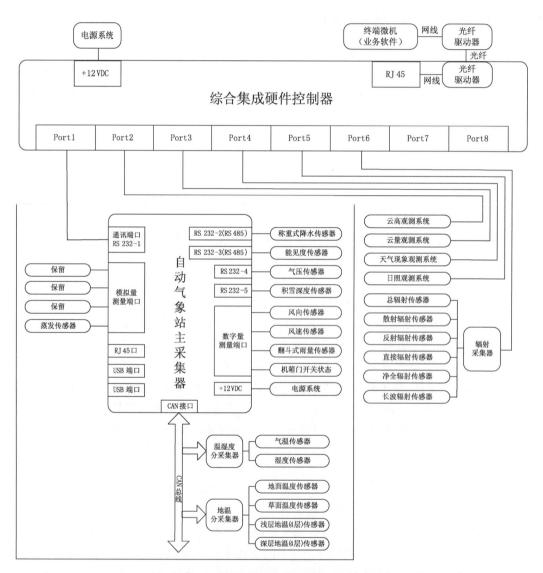

图 1.2-1 地面气象观测自动化系统组成结构图

综合集成硬件控制器是实现地面气象自动化观测而集成的通信设备,集成了新型自动气象站、云高观测设备、云量观测设备、天气现象观测设备、日照观测设备、辐射观测设备等。

　　新型自动气象站是地面气象观测自动化系统的核心,包括通过温湿度分采集器接入的气温和湿度传感器,通过地温分采集器接入的地面温度、草面温度、5 cm 地温、10 cm 地温、15 cm 地温、20 cm 地温、40 cm 地温、80 cm 地温、160 cm 地温和 320 cm 地温传感器,以及气压传感器、风速传感器、风向传感器、翻斗式雨量传感器、蒸发传感器、称重式降水传感器、能见度传感器、积雪深度传感器等。

　　辐射观测设备是地面气象观测自动化系统的重要组成部分,通过辐射采集器可接入总辐射、散射辐射、反射辐射、直接辐射、净全辐射、长波辐射等传感器。

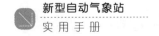

第2章 综合集成硬件控制器

2.1 组成结构

2.1.1 概述

综合集成硬件控制器是实现自动气象站、云高、云量、天气现象、辐射等观测设备硬件集成的通信设备。综合集成硬件控制器包括室外机(通信控制模块+光电转换模块)和室内机(光电转换模块)两部分,两组光电转换模块之间以光纤相连接,通信控制模块通过串口与观测设备连接,室内机(光电转换模块)通过网口与业务终端计算机连接。

综合集成硬件控制器的硬件包含通信控制模块、光电转换模块、交流防雷模块、供电单元、外围部件等,软件分为驱动程序和管理软件。综合集成硬件控制器的逻辑结构和硬件连线如图2.1-1和图2.1-2所示。

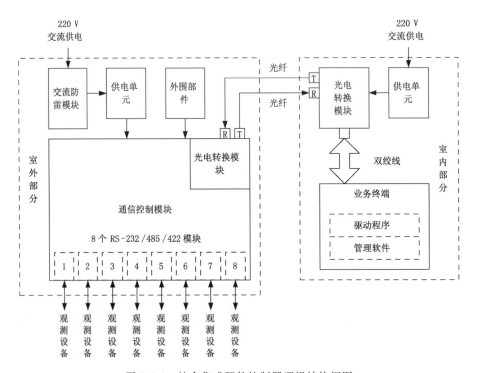

图 2.1-1 综合集成硬件控制器逻辑结构框图

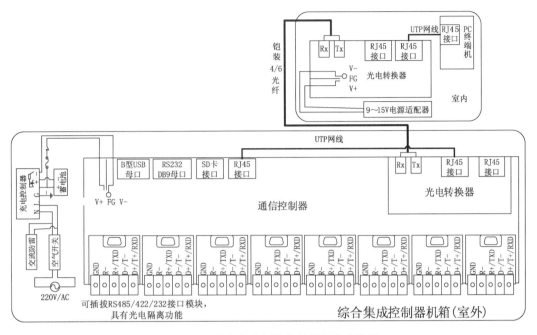

图 2.1-2　综合集成硬件控制器硬件连线图

综合集成硬件控制器主要是解决多个自动气象观测设备的集约化管理,实现多观测设备仅通过一根光纤即可与业务终端实现数据传输,提高地面气象综合观测系统的集成化程度、可扩展性、稳定性、可靠性。

综合集成硬件控制器既具有数据透明传输又具有数据格式转换功能。

综合集成硬件控制器室外机(通信控制模块＋光电转换模块)具备以下接口:

(1)8 个 RS-232/485/422(ZigBee 或 ST 光纤)接口,用于连接观测设备;

(2)1 个 RJ45 接口,用于以太网信号输出;

(3)1 个 RJ45 接口,用于多个通信控制模块级联;

(4)1 对 ST 光纤收发接口,用于连接光电转换模块(室内)传输数据;

(5)1 个 USB 接口,用于设备调试;

(6)1 个 SD 卡插槽,用于扩展设备存储空间。

综合集成硬件控制器室内机(光电转换模块)具备以下接口:

(1)1 个 RJ45 接口,用于连接业务终端计算机;

(2)1 对 ST 光纤收发接口,用于连接光电转换模块(室内)传输数据。

2.1.2　通信控制模块

通信控制模块是综合集成硬件控制器的核心部件,主要功能是完成各种观测设备数据的接收、存储、光电隔离、通信方式转换等。

通信控制模块可以接入 8 路观测设备,可扩展接入 $8n$ 路($n=1,2,3,\cdots$)观测设备,支持调试和数据传输(本地/远程)功能。通信控制模块接口见表 2.1-1。

表 2.1-1 通信控制模块接口

接口名称	接口用途
RS-232/485/422/ZigBee/ST 光纤接口	接收数据
RJ45 接口	串口转以太网通信/以太网通信转光纤通信/多个设备级联
ST 光纤收发接口	光纤通信
USB 接口	设备调试

2.1.3　光电转换模块

光电转换模块具备 RJ45 接口和 ST 光纤收发接口,实现以太网通信与光纤通信互相转换。光电转换模块接口见表 2.1-2。

表 2.1-2　光电转换模块接口要求

接口名称	接口用途
RJ45 接口	串口转以太网通信/以太网通信转光纤通信
ST 光纤收发接口	光纤通信

2.1.4　软件

1. 驱动程序

驱动程序主要功能:

(1)虚拟串口,将网口映射为 8 个虚拟串口;

(2)对综合集成硬件控制器进行配置管理。

2. 管理软件

管理软件基于 TCP/IP 协议,与综合集成硬件控制器进行交互、管理。主要功能:

(1)设置综合集成硬件控制器网络参数;

(2)设置综合集成硬件控制器串口参数(包括工作方式、波特率、数据位、数据校验位和停止位等);

(3)下载历史数据,远程升级文件系统。

2.1.5　供电单元及外围部件

1. 供电单元

综合集成硬件控制器采用独立供电,供电单元由蓄电池和电源控制器等组成,支持市电对蓄电池的充电,蓄电池在无外界充电的情况下至少能够维持系统正常工作 24 h。综合集成硬件控制器的额定电压为 DC 12 V,在 DC 9～15 V 范围内能正常工作。

2. 外围部件

综合集成硬件控制器机箱具有足够的机械强度和防腐蚀能力,使用低温电缆,具备防水、防腐、耐磨、抗拉等防护功能。综合集成硬件控制器机箱尺寸见图 2.1-3。

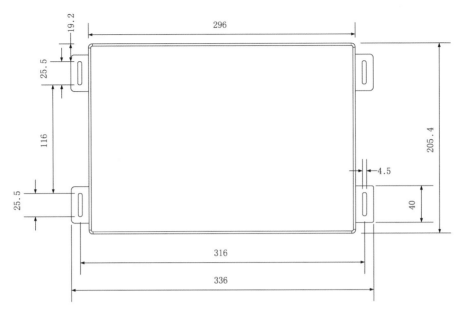

图 2.1-3　综合集成硬件控制器机箱参考尺寸图（单位：mm）

2.2　主要功能和性能

2.2.1　软件功能

1. 驱动程序

安装驱动程序后，综合集成硬件控制器的 8 个 RS-232/485/422 接口在计算机中映射成 8 个虚拟串口，应用程序可以像访问物理串口一样对其进行访问。

2. 管理软件

通过管理软件可设置综合集成硬件控制器网络参数、串口参数、串口通信类型、用户名和密码等内容，并能够下载历史数据。管理内容包括：

（1）初始化：综合集成硬件控制器首次使用时，通过管理软件进行初始信息设置，如用户名和密码等。

（2）设置网络参数：设置综合集成硬件控制器的网络参数，实现与业务终端计算机网络通信。

（3）设置串口参数：设置综合集成硬件控制器的每路串口参数，包括工作方式、波特率和数据位等具体内容。串口通信参数设置内容见表 2.2-1。

表 2.2-1　串口通信参数设置内容

通信参数	设置选项
工作方式	RS-232/485/422
波特率	1200、2400、4800、9600、19200、38400、57600、115200 bps

续表

通信参数	设置选项
数据位	5、6、7、8
校验位	None、Even、Odd、Space、Mark
停止位	1、1.5、2

3. 在线升级

在不更改任何硬件设备的前提下,计算机终端可以对综合集成硬件控制器中的软件进行在线升级。

2.2.2 硬件功能

1. 数据存储

目前 SD 卡选用 1 G 容量存储卡,可以备份至少 1 个月的观测数据,观测数据以文件形式存储,存储模式为"先入先出"。

2. 级联

通信控制模块可以通过网口实现多个设备级联,数据接口实现从 8 路扩展到 $8n$ 路($n=1$,$2,3,\cdots$)。

3. 串口数据缓冲大小

每个串口接收数据缓冲区:>7 kB。

4. 供电

采用额定电压 DC 12 V 供电,在 DC 9~15 V 范围内能正常工作。

5. 功耗

通信控制模块在工作状态下平均功耗:$\leqslant 8$ W。

第3章　新型自动气象站

　　新型自动气象站是一个基于现代总线技术和嵌入式系统技术构建的自动化测量系统,作为地面气象自动化观测系统中的核心组成部分,完成气温、湿度、气压、风速、风向、降水量、地温、蒸发、雪深、能见度等要素的数据采集、处理及数据质量控制。本章主要介绍新型自动气象站的组成结构、主要功能、数据质量控制方法、测量性能、嵌入式软件流程、传感器技术参数及接口定义、数据文件格式及常用的终端操作命令等内容。

3.1　组成结构

　　新型自动气象站由硬件和软件两大部分组成。硬件包括采集器(主采集器、温湿度分采集器、地温分采集器)、外部总线、传感器、外围设备四部分。软件包括嵌入式软件、业务软件两部分。

　　总体结构见图 3.1-1。

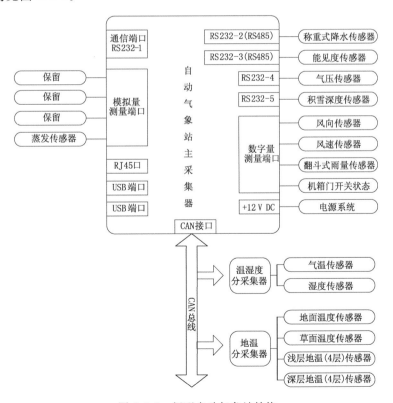

图 3.1-1　新型自动气象站结构

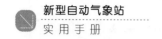

风向、风速、翻斗式雨量、蒸发传感器接入主采集器数字量/模拟量端口,气压、能见度、称重式降水、积雪深度传感器通过串口接入主采集器,气温、湿度传感器经由温湿度分采集器通过 CAN 总线接入主采集器,地温传感器(地面温度、草面温度、浅层地温、深层地温共 10 支)经由地温分采集器通过 CAN 总线接入主采集器。

3.1.1 采集器

1. 主采集器

主采集器是新型自动气象站的核心,硬件包含高性能嵌入式处理器、高精度 A/D 电路、高精度实时时钟电路、大容量程序和数据存储器、传感器接口、通信接口、CAN 总线接口、外接存储器接口、以太网接口、监测电路、指示灯等,硬件系统能够支持嵌入式实时操作系统的运行。结构见图 3.1-2。

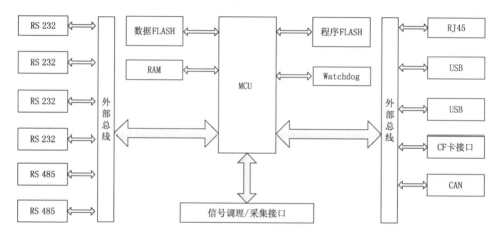

图 3.1-2　新型自动气象站主采集器结构

主采集器接入传感器通道配置见表 3.1-1。

表 3.1-1　主采集器接入传感器通道配置要求

通道	通道类型	数量
风向	数字(7 位格雷码)	1
风速	数字(频率)	1
翻斗式雨量	数字(计数)	1
蒸发量	模拟(电流)	1
气压	RS-232	1
能见度	RS-485 或 RS-232	1
称重式降水	RS-485 或 RS-232	1
积雪深度	RS-232	1

同时具备表 3.1-2 所示的通信接口。

表 3.1-2　主采集器通信接口配置要求

用途	通信接口	数量
主、分采集器通信	CAN	1
终端通信	RS-232	1
终端调试/监控	RS-232	1
网络通信	RJ45	1

主采集器主要有两大功能：

(1)完成基本观测要素传感器的数据采样,对采样数据进行控制运算、数据计算处理、数据质量控制、数据记录存储,实现数据通信和传输,与终端计算机或远程数据中心进行交互。

(2)担当管理者角色,对构成新型自动气象站的其他分采集器进行管理,包括网络管理、运行管理、配置管理、时钟管理等,以协同完成新型自动气象站的功能。

主采集箱机箱结构

(1)外形尺寸

外形尺寸见图 3.1-3。

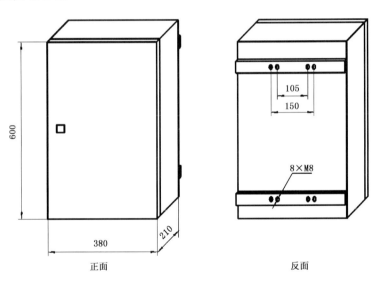

正面　　　　　　反面

图 3.1-3　主采集箱外形尺寸(单位:mm)

(2)固定用孔

8 只 M8 螺纹孔,其中:2 组 2 只孔距为 105 mm,另 2 组 2 只孔距为 150 mm。

(3)内部布置

主采集箱内部放置主采集器、防雷模块、气压传感器、通信模块、接地汇流排(可选)等。

(4)底板布置

主采集箱的底板上包括以下插座:

• 传感器:风、翻斗式雨量、蒸发、能见度、称重式降水、积雪深度;

• 分采集器:地温 CAN、温湿度 CAN;

• 通信:本地通信;

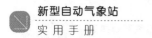

·供电:电源输入及接地引下线。

(5)底板插座型号、针脚定义

见表3.1-3。

表3.1-3　主采集器机箱底板插座型号及针脚定义

要素名称	针脚编号	定义	机箱端	电缆端
翻斗式雨量	1	空	4芯航空插头螺纹式连接插针	4芯航空插头螺纹式连接插孔
	2	信号		
	3	空		
	4	信号地		
风向、风速	1	风向D0	12芯航空插头螺纹式连接插针	12芯航空插头螺纹式连接插孔
	2	风向D1		
	3	风向D2		
	4	风向D3		
	5	风向D4		
	6	风向D5		
	7	风向D6		
	8	空		
	9	风速信号		
	10	风速电源		
	11	风向电源		
	12	地		
蒸发	1	电源DC 12 V	4芯航空插头螺纹式连接插孔	4芯航空插头螺纹式连接插针
	2	信号		
	3	信号地		
	4	电源地		
能见度（以RS-485为例）	1	电源DC 12 V	4芯航空插头螺纹式连接插孔	4芯航空插头螺纹式连接插针
	2	RS-485—B		
	3	RS-485—A		
	4	地		
称重式降水	1	电源DC 12 V	4芯航空插头螺纹式连接插孔	4芯航空插头螺纹式连接插针
	2	RX		
	3	TX		
	4	地		
积雪深度	1	电源DC 12 V	4芯航空插头螺纹式连接插孔	4芯航空插头螺纹式连接插针
	2	RX		
	3	TX		
	4	地		
地温分采	1	空	5芯航空插头螺纹式连接插孔	5芯航空插头螺纹式连接插针
	2	电源DC 12 V		
	3	电源地		
	4	CAN—H		
	5	CAN—L		
温湿度分采	1	空	5芯航空插头螺纹式连接插孔	5芯航空插头螺纹式连接插针
	2	电源DC 12 V		
	3	电源地		
	4	CAN—H		
	5	CAN—L		

续表

要素名称	针脚编号	定义	机箱端	电缆端
电源输入	1	电源地	4芯航空插头螺纹式连接插针	4芯航空插头螺纹式连接插孔
	2	电池-		
	3	电源DC 12 V		
	4	电池+		
本地通信	1	电源DC 12 V	4芯航空插头螺纹式连接插针	4芯航空插头螺纹式连接插孔
	2	RX		
	3	TX		
	4	地		

主采集器的外形尺寸、接口布局

(1)外形尺寸

宽×高×深:208 mm×105 mm×44 mm;

固定用孔:4只M4螺纹孔195 mm×70 mm。见图3.1-4。

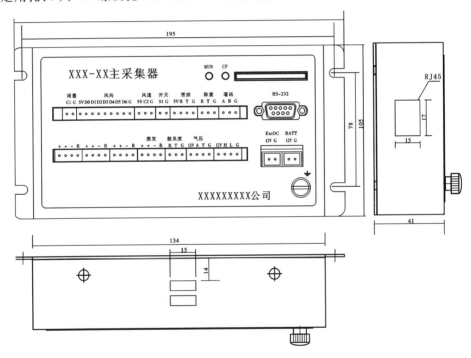

图3.1-4　主采集器外形尺寸图(单位:mm)

(2)固定用孔

安装形式:底部4个固定孔,螺丝固定。

安装孔位置:参见外形尺寸图。

螺丝型号:不锈钢M4×10 mm十字槽盘头螺钉。

(3)接口布局

RJ45、USB接口分别在采集器的两侧面,参见外形尺寸图。其余端口均在采集器面板上。

2. 分采集器

分采集器硬件包含高性能嵌入式处理器、高精度 A/D 电路、参数存储器、传感器接口、CAN 总线接口、RS-232 终端调试端口、监测电路、指示灯,硬件系统支持运行嵌入式实时操作系统。分采集器对接入的传感器按预定的采样频率进行扫描,收到主采集器发送的同步信号后,将获得的采样数据通过总线发送给主采集器。在不更改任何硬件设备的前提下,可以通过本地终端对分采集器嵌入式软件进行版本升级。

分采集器结构框图见图 3.1-5。

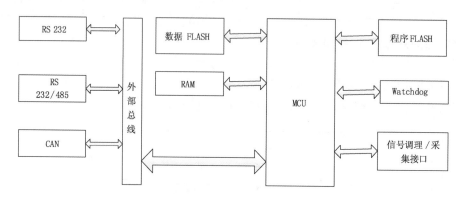

图 3.1-5　新型自动气象站分采集器结构框图

按照接入气象要素性质的不同,分采集器分为温湿度分采集器、地温分采集器。

各分采集器的基本配置要求见表 3.1-4。

表 3.1-4　各分采集器的基本配置要求

分采集器	最少可接入传感器	接口数(个)		测量通道(个)
		CAN 总线	RS-232	模拟量
地温	地面温度、草面温度、浅层地温(5 cm、10 cm、15 cm、20 cm)、深层地温(40 cm、80 cm、160 cm、320 cm)	1	1	10
温湿度	气温(1 支)、湿度(1 支)	1	1	2

地温分采集器机箱结构

(1)底板布置

地温分采集箱的底板包括以下插座:草面温度、地面温度、浅层地温(4 支)、深层地温(4 支)、CAN 总线。

(2)地温分采集器机箱底板插座型号及针脚定义见表 3.1-5。

表 3.1-5　地温分采集器机箱底板插座型号及针脚定义

要素名称	针脚编号	定义	机箱端	电缆端
草面温度 地面温度 浅层地温(4 支) 深层地温(4 支)	1	激励＋	4 芯航空插头 螺纹式连接 插针	4 芯航空插头 螺纹式连接 插孔
	2	信号＋		
	3	信号－		
	4	激励－		

要素名称	针脚编号	定义	机箱端	电缆端
CAN 总线	1	空	5 芯航空插头螺纹式连接插针	5 芯航空插头螺纹式连接插孔
	2	电源 DC12 V		
	3	电源地		
	4	CAN－H		
	5	CAN－L		

地温分采集器的外形尺寸、接口布局

(1)外形尺寸

地温分采集器外形尺寸与主采集器外形尺寸相同,见图 3.1-6。

宽×高×深:208 mm×105 mm×44 mm;

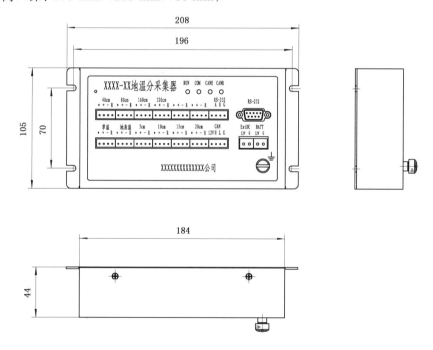

图 3.1-6　地温分采集器外形尺寸图(单位:mm)

(2)固定用孔:4 只 M4 螺纹孔 196 mm×70 mm。

安装形式:底部四个固定孔,螺丝固定。

螺丝型号:不锈钢 M4×10 mm 十字槽盘头螺钉。

(3)接口布局

地温分采集器所有端口均在面板上。

温湿度分采集器结构

(1)外形尺寸

宽×高×深:150 mm×64 mm×34 mm;

固定用孔:4 只 M4 螺纹孔 138 mm×52 mm。

螺丝型号:不锈钢 M4×12 mm 。外形尺寸示意见图 3.1-7。

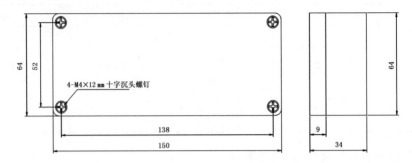

图 3.1-7　温湿度分采集器外形尺寸示意图(单位:mm)

(2)底板布置

温湿度分采集器的底板包括以下插座:温度、湿度、12V/CAN 输出、RS-232。底板示意见图 3.1-8。

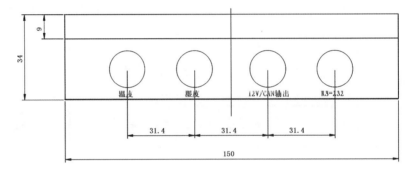

图 3.1-8　温湿度分采集器底板布置示意图(单位:mm)

(3)固定用孔

安装形式:底部 2 个固定孔,螺丝固定。

安装孔位置:参见外形尺寸图。

螺丝型号:不锈钢 M4×14 mm 十字沉头螺钉。固定用孔示意见图 3.1-9。

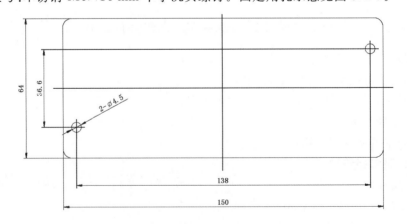

图 3.1-9　温湿度分采集器固定用孔示意图(单位:mm)

（4）温湿度分采集箱底板插座型号、针脚定义见表3.1-6。

表 3.1-6　温湿度分采集器插座型号及针脚定义

要素名称	针脚编号	定义	机箱端	电缆端
气温	1	激励＋	4芯航空插头螺纹式连接插针	4芯航空插头螺纹式连接插孔
	2	信号＋		
	3	信号－		
	4	激励－		
湿度	1	电源 DC 12 V	4芯航空插头螺纹式连接插孔	4芯航空插头螺纹式连接插针
	2	电源地		
	3	湿度输出		
	4	空		
CAN 总线	1	空	5芯航空插头螺纹式连接插针	5芯航空插头螺纹式连接插孔
	2	电源 DC 12 V		
	3	电源地		
	4	CAN－H		
	5	CAN－L		

3. 采集器的接口方式

主采集器、分采集器上的传感器信号线、电源输入线、通信线等接线的连接均采用插座式接线端子插头。

接线端子插头选择两种型号，分为电源输入线端子及其他连接线端子。其中，电源输入线端子间距为 5.08 mm，保证电源供电的稳定；其他接线端子间距为 3.81 mm。见图 3.1-10 及图 3.1-11。

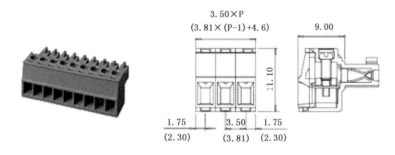

图 3.1-10　接口端子（3.81 mm）示例及尺寸（单位：mm）

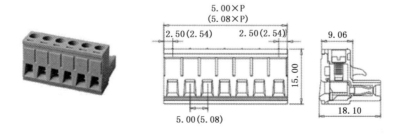

图 3.1-11　接口端子（5.08 mm）示例及尺寸（单位：mm）

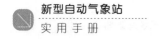

4. 采集器接口、标示、符号定义

采集器接线端子的标示内容包括:通道类型、通道号、端子定义,采集器中的单通道或单一接口可没有通道号。不同的通道类型,采用不同的通道类型符号进行区分;同种类型通道,通过通道号进行区分;同一通道内的各端子,通过端子定义符号进行区分。

标示样例见图3.1-12。

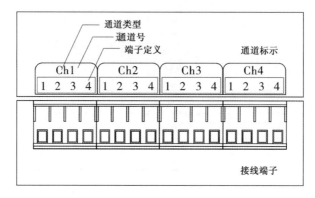

图 3.1-12　采集器接线端子标示样例

接线端子组划分及标示符号见表 3.1-7。

表 3.1-7　各通道标示符号定义

通道类型	端子定义	端子功能说明	备注
模拟通道	＊	"＋"、"－":差动电压的正、负输入端; "＊"、"R":提供测量用的激励源,电压源或恒流源,可切换,或指定通道提供指定类型的激励源。	通道号以采集器实际具备的通道数为准
	＋		
	－		
	R		
计数通道	C1～C2	计数通道的信号输入	
	＋5V	输出 5 V 电源	
	GND	信号地	
数字通道	D0～D6	数字通道的信号输入	
	＋5V	输出 5 V 电源	
RS-232 通道	Rx	接收端	
	Tx	发送端	
	GND	地	
RS-485 通道	A	RS-485 的 A 端	
	B	RS-485 的 B 端	
	GND	地	
CAN 总线	CAN＋	CAN 总线 H 端	
	CAN－	CAN 总线 L 端	
	GND	地	
电源输入	＋12V	外部电源输入	
	GND	地	

主采集器接口

主采集器接口种类如下：

· 模拟通道测量：气温传感器、湿度传感器、蒸发传感器。

· 计数通道测量：翻斗式雨量传感器、风速传感器。

· 数字量通道测量：风向传感器。

· RS-232 通道：气压传感器、积雪深度传感器、称重式降水传感器/能见度传感器。

· RS-485 通道：能见度传感器/称重式降水传感器。

主采集器各接口分配见表 3.1-8。

表 3.1-8　主采集器各接口分配表

通道号	通道类型	通道端子	接入设备类型	信号线
CH1	模拟通道	*	保留	—
		+		—
		—		—
		R		—
CH2	模拟通道	*	保留	—
		+		—
		—		—
		R		—
CH3	模拟通道	*	保留	—
		+		—
		—		—
		R		—
CH4	模拟通道	*	蒸发传感器	传感器电源
		+		电流输出＋
		—		电流输出－
		R		GND
计数 1	计数通道	C1	翻斗式雨量传感器	计数输出
		GND		GND
计数 2	计数通道	＋5 V	风速传感器	电源输入
		C2		计数输出
		GND		GND
数字接口	数字通道	D0～D6	风向传感器	7 位格雷码
		＋5 V		电源输入
		GND		GND
RS-232	串行接口	＋12 V	气压传感器	电源输入
		Rx		Tx
		Tx		Rx
		GND		GND
RS-232	串行接口	＋12 V	称重式降水传感器/能见度传感器	电源输入
		Rx		Tx
		Tx		Rx
		GND		GND
RS-232	串行接口	＋12 V	积雪深度传感器	电源输入
		Rx		Tx
		Tx		Rx
		GND		GND

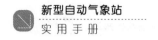

通道号	通道类型	通道端子	接入设备类型	信号线
RS-485	通信接口	A	称重式降水传感器/ 能见度传感器	A
		B		B
		GND		GND
RS-485	通信接口	A	通信	A
		B		B
		GND		GND
CAN 总线	总线接口	CAN+	分采集器	CAN+
		CAN−		CAN−
		GND		GND
电源输入	电源接口	+12 V	电源模块	电源输入
		GND		GND

地温分采集器接口

地温分采集器为模拟测量通道,要素为:草面温度、地面温度、浅层地温、深层地温,接口分配见表 3.1-9。

表 3.1-9 地温分采集器接口分配表

通道号	通道类型	通道端子	接入设备类型	信号线
CII1	模拟通道	*	草面温度	A
		+		A
		−		B
		R		B
CH2	模拟通道	*	地面温度	A
		+		A
		−		B
		R		B
CH3	模拟通道	*	5 cm 地温	A
		+		A
		−		B
		R		B
CH4	模拟通道	*	10 cm 地温	A
		+		A
		−		B
		R		B
CH5	模拟通道	*	15 cm 地温	A
		+		A
		−		B
		R		B
CH6	模拟通道	*	20 cm 地温	A
		+		A
		−		B
		R		B
CH7	模拟通道	*	40 cm 地温	A
		+		A
		−		B
		R		B

通道号	通道类型	通道端子	接入设备类型	信号线
CH8	模拟通道	*	80 cm 地温	A
		+		A
		−		B
		R		B
CH9	模拟通道	*	160 cm 地温	A
		+		A
		−		B
		R		B
CH10	模拟通道	*	320 cm 地温	A
		+		A
		−		B
		R		B
RS-232	串行接口	Rx	调试端口	Tx
		Tx		Rx
		GND		GND
CAN 总线	总线接口	CAN+	主采集器	CAN+
		CAN−		CAN−
		GND		GND
电源输入	电源接口	+12 V	电源模块	电源输入
		GND		GND

温湿度分采集器接口

温湿度分采集器为模拟测量通道,要素为气温、湿度,接口分配见表 3.1-10。

表 3.1-10　温湿度分采集器接口分配表

通道号	通道类型	通道端子	接入设备类型	信号线
CH1	模拟通道	*	气温	A
		+		A
		−		B
		R		B
CH2	模拟通道	*	湿度	传感器电源
		+		电压输出+
		−		电压输出−
		R		GND
电源输入	电源接口	+12 V	电源模块	电源输入
		GND		GND

3.1.2　总线

主采集器和分采集器之间采用双绞线 CAN 总线方式连接,双工通信。总线标准为 ISO 11898。其特性如下:

1.支持多主方式,可以实现系统冗余或热备份;

2.可靠的错误处理和检错机制,错误严重的节点可自动关闭输出,发送的信息遭到破坏后可自动重发,网络具备很高的可靠性;

3.允许多个节点同时发送信息,具有极高的总线利用率;

4. 可实现点对点、一点对多点及全局广播,无须专门的"调度";

5. 直接通信距离最远达 10 km(速率为 5 kbps);

6. 通信介质为双绞线,抗干扰能力强;

7. 由硬件实现数据链路层通信协议。

3.1.3 传感器

新型自动气象站使用的传感器,可分为 3 类:

1. 模拟传感器:输出模拟量信号的传感器;

2. 数字传感器:输出数字量(含脉冲和频率)信号的传感器;

3. 智能传感器:带有嵌入式处理器的传感器,具有基本的数据采集和处理功能,可以输出并行或串行数据信号。

进行常规气象要素观测的模拟传感器、数字传感器、智能传感器连接到主采集器或分采集器,云高、云量、天气现象等部分智能传感器直接接入综合集成硬件控制器。

3.1.4 外围设备

1. 供电单元

供电单元是新型自动气象站的外围设备之一。

12 V 直流电压是采集器的基本工作电压,采集器中其他直流工作电压由此转换而成,该电压由蓄电池提供,220 V 的市电通过电源控制器对蓄电池充电。

(1)电源箱机箱结构及外形尺寸

电源箱外形尺寸见图 3.1-13。

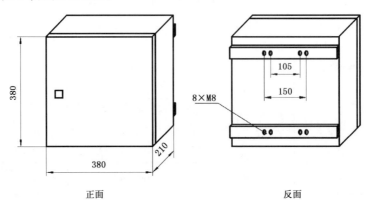

图 3.1-13　电源箱外形尺寸(单位:mm)

(2)内部布置

箱内安装电源转换模块、蓄电池、开关、避雷器等部件。其中电源箱底部应设计不锈钢蓄电池托架用于安装蓄电池,保护底部引入的电缆。

(3)电池固定方式

通过固定条,将电池固定在电源箱中。固定条一端固定到电源箱的后面板,另一端固定到电源箱底板的蓄电池托架上。

（4）底板布置

电源箱的底板上安装有以下插座：AC 220 V 输入、主采集箱电源输出。

底板插座型号、针脚定义

底板插座型号及针脚定义见表 3.1-11。

表 3.1-11　电源箱插座型号及针脚定义

插头名称	针脚编号	定义	机箱端	电缆端
电源箱 12 V 直流输出	1	电源 DC 12 V	4 芯航空插头 螺纹式连接 插孔	4 芯航空插头 螺纹式连接 插针
	2	电池＋		
	3	电池－		
	4	电源地		
电源箱 220V 交流输入	1	火线（L）	3 芯航空插头 螺纹式连接 插孔	3 芯航空插头 螺纹式连接 插针
	2	零线（N）		
	3	地（G）		

2. 终端计算机

监控采集器工作状态，接收、处理和存储数据，并按照业务规范要求完成地面气象观测业务。

3. 通信接口

主采集器配置 RS-232 接口，挂接通信模块，进行数据传输、现场测试或软件升级。

4. 外存储器

采集器可通过外扩存储器（卡）的方式扩大本地数据存储能力，将采集数据以文件方式进行存储。

3.1.5　嵌入式软件

主/分采集器中运行的软件称为嵌入式软件，主采集器嵌入式软件采用稳定可靠的实时多任务 Linux 操作系统。

1. 主采集器嵌入式软件的主要功能是：

（1）实现 CANopen 主站协议，包括 NMT 管理、心跳消息检测、同步信号发送、PDO 发送和接收、SDO 服务、TimeStamp 发送；

（2）主采集器要在内部存储器和外部存储卡上实现 FAT 文件系统，存储数据文件、参数文件、配置文件、日志文件等；

（3）实现基本的数据采集、数据处理、数据存储和数据传输功能；

（4）建立 Web 控制台（Web Console），实现远程参数的设置、数据监视、数据文件下载、主采集器复位等功能。

2. 分采集器嵌入式软件的主要功能是：

（1）实现 CANopen 从站协议，包括接受 NMT 管理、同步信号接收、心跳消息服务、PDO 发送、SDO 服务、TimeStamp 接收、数据采集等；

（2）对传感器按预定的采样频率进行测量和将获得的电信号转换成微控制器可读信号，得到气象变量测量值序列；

（3）对气象变量测量值进行转换，使传感器输出的电信号转换成气象单位量，得到采样瞬时值；

（4）通过 CANopen 协议将采样数据发送到 CAN 总线。

3.2 主要功能

3.2.1 软件初始化

1. 主采集器

(1)主采集器进行自检,准备存储器、外围设备;

(2)观测员可通过本地终端对主采集器设置,修改所有保证自动气象站正常运行所必需的业务参数,包括观测站基本参数、传感器参数、通信参数、质量控制参数、气象报警阈值等;

(3)与各分采集器建立通信联系,进行必要的设置;

(4)建立和运行观测任务。

2. 分采集器

(1)分采集器进行自检,准备外围设备;

(2)与主采集器建立通信联系,接受必要的参数设置;

(3)建立和运行本采集器观测任务。

3.2.2 数据采集

1. 对传感器按预定的采样频率进行测量并将获得的电信号转换成微控制器可读信号,得到气象变量测量值序列;

2. 对气象变量测量值进行转换,使传感器输出的电信号转换成气象单位量,得到采样瞬时值;

3. 对采样瞬时值,根据规定的算法,计算出瞬时气象值,又称气象变量瞬时值;

4. 实现数据质量检查。

3.2.3 数据处理

1. 导出气象观测需要的其他气象变量瞬时值,这种导出通常是在数据采集获得的气象变量瞬时值的基础上进行,也有通过更高频率采样过程获得,如瞬时风计算;

2. 计算出气象观测需要的统计量,如一个或多个时段内的极值数据、专门时段内的总量、不同时段内的平均值以及累计量等;

3. 由主采集器生成采样瞬时值数据、瞬时气象值(分钟)数据、小时正点数据和监控数据,并写入数据内存储器,同时形成相应数据文件实时写入外存储器;

4. 实现数据质量检查。

3.2.4 数据存储

1. 采集器内部

主采集器存储1小时的采样瞬时值、7天的瞬时气象(分钟)值、1个月的正点气象要素值,以及相应的导出量和统计量等。采样瞬时值存储与相应要素的采样频率有关。数据存储使用循环式存储器结构,即最新的数据覆盖旧数据,采集器内部的数据存储器容量留有 50% 的余量。采集器内部的数据存储器具备掉电保存功能。

瞬时气象(分钟)值存储的要素有：本站气压、气温、湿度、瞬时极大风(风向/风速)、1 min平均风(风向/风速)、降水量(翻斗式、称重式)、地面温度、能见度、积雪深度。当前瞬时气象(分钟)值均应能写入缓存区，可以实时读取。

正点数据存储的具体内容见表 3.2-1、表 3.2-2。

表 3.2-1　基本气象观测要素正点数据存储内容

序号	要素	时制	序号	要素	时制
1	2 min 平均风向	北京时	21	最小相对湿度出现时间	北京时
2	2 min 平均风速		22	水汽压	
3	10 min 平均风向		23	露点温度	
4	10 min 平均风速		24	本站气压	
5	最大风速时对应风向		25	最高本站气压	
6	最大风速		26	最高本站气压出现时间	
7	最大风速出现时间		27	最低本站气压	
8	分钟内最大瞬时风速的风向		28	最低本站气压出现时间	
9	分钟内最大瞬时风速		29	正点分钟蒸发水位	
10	极大风速时对应风向		30	时累计蒸发量	
11	极大风速		31	1 min 平均能见度	
12	极大风速出现时间		32	10 min 平均能见度	
13	累计降水量(翻斗式或称重式)		33	最小 10 min 平均能见度	
14	气温		34	最小 10 min 平均能见度出现时间	
15	最高气温		35	累计积雪深度	
16	最高气温出现时间		36	保留	保留
17	最低气温		37	保留	
18	最低气温出现时间		38	保留	
19	相对湿度		39	保留	
20	最小相对湿度				

表 3.2-2　地温观测要素正点数据存储内容

序号	要素	时制	序号	要素	时制
1	草面温度	北京时	10	最低地面温度出现时间	北京时
2	最高草面温度		11	5 cm 地温	
3	最高草面温度出现时间		12	10 cm 地温	
4	最低草面温度		13	15 cm 地温	
5	最低草面温度出现时间		14	20 cm 地温	
6	地面温度		15	40 cm 地温	
7	最高地面温度		16	80 cm 地温	
8	最高地面温度出现时间		17	160 cm 地温	
9	最低地面温度		18	320 cm 地温	

2. 外存储器

采集数据在外存储器(卡)以文件方式进行存储，能够存储至少 6 个月全要素分钟数据，全部数据以文本的文件存入，计算机可通过读卡器读取。

3. 终端计算机

终端计算机是最常用的存储设备。在计算机的磁盘存储器中，存储全部需要存储的数据，包括经过处理的数据、人工输入数据、质量控制情况信息(内部管理数据)等。

3.2.5 数据传输

1. 本地传输

新型自动气象站具有数据传输(数据传送、数据通信)的功能。配置综合集成硬件控制器和终端设备(计算机)的新型自动气象站,自动气象站主采集器把数据传送到综合集成硬件控制器,再传送到终端设备。根据响应方式的不同,数据传输可分:

(1)在新型自动气象站时间表控制下的传输,即新型自动气象站正常运行时的自动传输;

(2)响应终端命令的传输,即外界干预下的传输,通常由终端计算机运行的业务软件发出命令;

(3)超过某个设定的气象阈值时,新型自动气象站进入报警状态的传输。

新型自动气象站正常运行时自动传输的时间表和报警的气象阈值可以通过终端命令或业务软件由用户设定。

2. 远程通信传输

新型自动气象站具备通过无线方式或网络方式进行数据远程传输的功能。这种传输是通过主采集器的通信接口(RS-232)外加远程通信设备(如 GPRS/CDMA1X、DCP 等)实现。通过计算机终端实现远程通信传输的功能在业务软件中实现。

3.2.6 人工输入观测资料

配置终端计算机的自动气象站,使用交互式终端程序(业务软件),允许观测员输入和编辑人工观测的资料。

3.2.7 嵌入式软件在线升级

可以通过本地终端对主采集器嵌入式软件进行版本升级。

3.3 数据质量控制

为保证观测数据质量,新型自动气象站需进行数据质量控制,主要由新型自动气象站主采集器的嵌入式软件和终端计算机中的业务软件两部分质量控制组成。本手册主要介绍嵌入式软件的数据质量控制。

3.3.1 数据质量控制要求

新型自动气象站主采集器可以对用于数据质量检查的各要素极值范围、允许变化速率和变化速率值等参数进行设置。总体要求如下:

1. 对采样瞬时值的质量控制

(1)对采样瞬时值变化极限范围的检查;

(2)对采样瞬时值变化速率的检查。

2. 对瞬时气象值的质量控制

(1)对瞬时气象值变化极限范围的检查;

（2）对瞬时气象值变化速率的检查：

（3）检查瞬时气象值的最大允许变化速率；

（4）检查瞬时气象值的最小应该变化速率；

（5）内部一致性检查。

3.3.2 数据质量控制标识

数据质量控制过程中，需要对采样瞬时值和瞬时气象值是否经过数据质量控制以及质量控制的结果进行标识，这种标识用于定性描述数据置信度。标识的规定见表 3.3-1。

表 3.3-1 数据质量控制标识

标识代码值	描述
9	"没有检查"：该变量没有经过任何质量控制检查。
0	"正确"：数据没有超过给定界限。
1	"存疑"：不可信的。
2	"错误"：错误数据，已超过给定界限。
3	"不一致"：一个或多个参数不一致；不同要素的关系不满足规定的标准。
4	"校验过的"：原始数据标记为存疑、错误或不一致，后来利用其他检查程序确认为正确的。
8	"缺失"：缺失数据。
N	没有传感器，无数据。

注：对于瞬时气象值，若属采集器或通信原因引起数据缺测，在终端命令数据输出时直接给出缺失，相应质量控制标识为"8"；若有数据，质量控制判断为错误时，在终端命令数据输出时，其值仍给出，相应质量控制标识为"2"，但错误的数据不能参加后续相关计算或统计。

3.3.3 采样瞬时值的质量控制

1．"正确"数据的基本条件

一个"正确"的采样瞬时值，应在传感器的测量范围内，且相邻两个值最大变化值在允许范围内。其判断条件见表 3.3-2。

表 3.3-2 "正确"的采样瞬时值的判断条件

序号	气象变量	传感器测量范围下限	传感器测量范围上限	允许最大变化值（适用于采样频率 5 次/min～10 次/min 以上）
1	气压			0.3 hPa
2	气温			2 ℃
3	地面温度			2 ℃
4	露点温度			2 ℃
5	相对湿度	依照传感器指标确定下限和上限		5％
6	风向			—
7	风速			20 m/s
8	降水量			—
9	能见度			—
10	蒸发量			0.3 mm
11	积雪深度			0.3 cm

2. 极限范围检查

(1)验证每个采样瞬时值,应在传感器的正常测量范围内;

(2)未超出的,标识"正确";超出的,标识"错误";

(3)标识"错误"的,不可用于计算瞬时气象值。

3. 变化速率检查

(1)验证相邻采样瞬时值之间的变化量,检查出不符合实际的跳变。

(2)每次采样后,将当前采样瞬时值与前一个采样瞬时值做比较。若变化量未超出允许的变化速率,标识"正确";若超出,标识"存疑"。标识"存疑"的,不能用于计算瞬时气象值,但仍用于下一次的变化速率检查(即将下一次的采样瞬时值与该"存疑"值作比较)。该规程的执行结果是,如果发生大的噪声,将有一个或两个连续的采样瞬时值不能用于计算。

4. 瞬时气象值的计算

应有大于66%的采样瞬时值可用于计算瞬时气象值(平均值);对于风速应有大于75%的采样瞬时值可用于计算 2 min 或 10 min 平均值。若不符合这一质量控制规程,则判定当前瞬时气象值计算缺少样本,标识为"缺失"。

3.3.4 瞬时气象值的质量控制

1."正确"数据的基本条件

一个"正确"的瞬时气象值,不能超出规定的界限,相邻两个值的变化速率应在允许范围内,在一个持续的测量期(1 小时)内应该有一个最小的变化速率。"正确"数据的判断条件见表 3.3-3。

表 3.3-3 "正确"的瞬时气象值的判断条件

序号	气象变量	下限	上限	存疑的变化速率	错误的变化速率	[过去60分钟]最小应该变化的速率
1	气压	400 hPa	1100 hPa	0.5 hPa	2 hPa	0.1 hPa
2	气温	−75℃	80℃	3℃	5℃	0.1 ℃
3	露点温度	−80 ℃	50 ℃	传感器测量:2～3 ℃;导出量:4～5 ℃	5℃	0.1 ℃
4	相对湿度	0%	100%	10%	15%	1%(U<95%)
5	风向	0°	360°	—	—	10°(10 min 平均风速大于 0.1 m/s 时)
6	风速(2 min、10 min)	0 m/s	75 m/s	10 m/s	20 m/s	—
7	瞬时风速	0 m/s	150 m/s	10 m/s	20 m/s	—
8	降水量	0 mm	10 mm	—	—	—
9	草面温度	−90 ℃	90 ℃	5℃	10 ℃	—
10	地面温度	−90 ℃	90 ℃	5℃	10 ℃	0.1 ℃(雪融过程中会产生等温情况)

续表

序号	气象变量	下限	上限	存疑的变化速率	错误的变化速率	[过去60 min]最小应该变化的速率
11	5 cm 地温	−80 ℃	80 ℃	2 ℃	5 ℃	
12	10 cm 地温	−70 ℃	70 ℃	1 ℃	5 ℃	
13	15 cm 地温	−60 ℃	60 ℃	1 ℃	3 ℃	可能很稳定
14	20 cm 地温	−50 ℃	50 ℃	0.5 ℃	2 ℃	
15	40 cm 地温	−45 ℃	45 ℃	0.5 ℃	1.0 ℃	
16	80,160,320 cm 地温	−40 ℃	40 ℃	0.5 ℃	1.0 ℃	
17	能见度	0 m	70 km	—	—	—
18	蒸发量	0 mm	100 mm	—	—	—
19	积雪深度	0 cm	150 cm	—	—	—

表中"下限"和"上限"的值是可以根据季节和新型自动气象站安装地的气候条件进行设置的,可以分三种情况:

(1)根据当地的气候极值作适当放宽,确定每个要素"正确"数据的下限和上限;

(2)将传感器的测量范围定为每个要素"正确"数据的下限和上限;

(3)设置宽范围和通用的值。

表 3.3-3 列出的下限和上限即是宽范围和通用的值。

2. 极限范围检查

(1)验证瞬时气象值,应在可接受的界限(下限、上限)范围内;

(2)未超出的,标识"正确";

(3)超出的,若下限和上限值由当地气候极值确定,则标识"存疑";

(4)若下限和上限值按传感器的测量范围或宽范围和通用的值确定,则标识"错误"。

3. 变化速率检查

验证瞬时气象值的变化速率,检查出不符合实际的尖峰信号或跳变值,以及由传感器故障引起的测量死区。

(1)瞬时气象值的"最大允许变化速率"

当前瞬时气象值与前一个值的差大于表 3.3-3 中"存疑的变化速率",则当前瞬时气象值标识为"存疑"。若大于表 3.3-3 中的"错误的变化速率",则标识为"错误"。

在极端天气条件下,气象变量可能会发生不同寻常的变化,这种情况下,正确的数据也有可能被标上"存疑"。所以,"存疑"的数据不能被丢弃,而应传输至终端计算机业务软件,有待作进一步验证。

(2)瞬时气象值的"[过去60 min]最小应该变化的速率"

瞬时气象值的示值更新周期为 1 min,即瞬时气象值每分钟都接受检查。

在过去的 60 min 内,规定气象瞬时值的"最小应该变化的速率",同样能帮助验证该值是否正确。

如果这个值未能通过最小应该变化的速率检查,应标记"存疑"。

4. 内部一致性检查

用于检查数据内部一致性的基本算法是基于两个气象变量之间的关系。下列条件是成立的:

(1)露点温度 $t_d \leqslant t$(气温);

(2)风速 WS＝0,则风向 WD 一般不会变化;

(3)风速 WS $\neq$ 0,则风向 WD 一般会有变化;

(4)分钟极大风速大于等于 2 min 和 10 min 平均风速;

(5)各极值及出现时间应与对应时段相应要素瞬时气象值不矛盾;

(6)各累计量应与对应时段相应要素各瞬时气象值不矛盾。

如果某个值不能通过内部一致性检验,应标识为"不一致"。内部一致性检查一般不在主采集器的嵌入式软件中考虑,仅在业务软件中考虑。

3.4 测量性能

3.4.1 测量的气象要素

新型自动气象站能够同时测量以下气象要素:气温、湿度、气压、风速、风向、降水量、蒸发量、地面温度、草面温度、浅层地温(5 cm、10 cm、15 cm、20 cm)、深层地温(40 cm、80 cm、160 cm、320 cm)、能见度、积雪深度。

3.4.2 气象要素的量和单位

气象要素的量和单位名称及其符号按表 3.4-1 确定。

表 3.4-1 气象要素的量和单位的名称及其符号

序号	气象变量的名称	量的符号	测量单位的名称	单位的符号	说明
1	气压	P	百帕	hPa	
2	温度	t	摄氏度	℃	
3	相对湿度	U	百分率	%	另一个常用的相对湿度符号为"%RH" 示例1:相对湿度为50%; 示例2:湿度为50%RH。
4	风向	W_D	度	°	由北按顺时针方向旋转,以 0～360 标度,其中 0 为北风,90 为东风。
5	风速	W_S	米每秒	m/s	
6	降水量	R	毫米	mm	降水强度(precipitation intensity)(又名降水率)的单位名称及符号是:毫米每分钟(mm/min)。
7	能见度	V	米或千米	m,km	
8	蒸发量	E_c	毫米	mm	
9	积雪深度	S_d	厘米	cm	

3.4.3 性能要求

新型自动气象站的气象要素观测性能要求见表 3.4-2。

表 3.4-2　自动气象站测量性能要求

测量要素	范围	分辨力	最大允许误差
气压	450～1100 hPa	0.1 hPa	±0.3 hPa
气温	−50～50℃	0.1℃（天气观测）	±0.2℃（天气观测）
相对湿度	5%～100%	1%	±3%（≤80%） ±5%（>80%）
风向	0～360°	3°	±5°
风速	0～60 m/s	0.1 m/s	±(0.5+0.03V)m/s
降水量	0.1 mm 翻斗 （雨强 0～4 mm/min）	0.1 mm	±0.4 mm（≤10 mm） ±4%（>10 mm）
	称重 （容量 0～400 mm）	0.1 mm	±0.4 mm（≤10 mm） ±4%（>10 mm）
蒸发量	0～100 mm	0.1 mm	±0.2 mm（≤10 mm） ±2%（>10 mm）
地面温度	−50～80℃	0.1℃	±0.2℃（−50～50℃） ±0.5℃（50～80℃）
浅层地温	−40～60℃	0.1℃	±0.3℃
深层地温	−30～40℃	0.1℃	±0.3℃
能见度	10～30000 m	1 m	±10%（≤1500 m） ±20%（>1500 m）
积雪深度	0～150 cm	0.1cm	±1 cm

3.4.4　采样和算法

1. 采样频率

各要素的采样频率及气象值的计算见表 3.4-3。

表 3.4-3　自动气象站测量要素采样频率

测量要素	采样频率	计算平均值	计算累计值	计算极值
气压 气温 湿度 地温	30 次/min	每分钟算术平均	—	小时内极值及 出现时间
风速	4 次/s	以 0.25 s 为步长求 3 s 滑动平均值；以 1 s 为步长（取整秒时的瞬时值）计算每分钟的 1 min、2 min 算术平均；以 1 min 为步长（取 1 min 平均值）计算每分钟的 10 min 滑动平均	—	每分钟、每小时内 3 s 极值（即极大风速）；每小时内 10 min 极值（即最大风速）；小时内极值对应时间
风向	1 次/s	求 1 min、2 min 平均；以 1 min 为步长（取 1 min 平均值）计算每分钟的 10 min 平均	—	对应极大风速和最大风速时的风向
降水量	1 次/min	—	每分钟、小时累计值	—
蒸发量	6 次/min	每分钟水位的算术平均		
能见度 （气象光学视程）	4 次/min	1 min 内采样数据的算术平均值计算 1 min 平均能见度（瞬时值）；以 1 min 为时间步长，对每分钟的 1 min 平均值求每分钟的 10 min 滑动平均		小时内极值及出现时间（记终止时间） 最小能见度取小时内最小 10 min 平均能见度
积雪深度	10 次/min	每分钟高度值的算术平均	每分钟、小时累计值	—

2. 采样时序

在实时多任务操作系统的支持下,分别设置主、分采集器各传感器的采样任务,各任务在规定的时间内进行采样。

主采集器对接入的各要素传感器按规定的时序要求进行采集,并为采样值加上时间标志,交给后续处理。

分采集器按规定的时序要求对其挂接的各要素传感器进行采集,将采样到的数据通过CANopen协议发送到CAN总线。主采集器实时接收各分采集器主动上传的相关要素采样值,并为各采样值加上时间标志,交给后续处理。自动气象站要素采样时间见表3.4-4。

表 3.4-4　自动气象站要素采样时间

要素	采样开始时刻	采样窗口长度
风速(250 ms)	hh:mm:ss nnn−250 ms,且 nnn 为 250 的倍数	250 ms
风速(1 s)	hh:mm:ss 000−1s	1 s
风向	hh:mm:ss 000−1s	5 ms
气温	hh:mm:ss 000,且 ss 为 2 的倍数	0.2 s
湿度	hh:mm:ss 000,且 ss 为 2 的倍数	0.2 s
气压	hh:mm:ss 000,且 ss 为 2 的倍数	1 s
草面温度	hh:mm:ss 000,且 ss 为 2 的倍数	0.2 s
地面温度	hh:mm:ss 000,且 ss 为 2 的倍数	0.2 s
浅层地温	hh:mm:ss 000,且 ss 为 2 的倍数	0.2 s
深层地温	hh:mm:ss 000,且 ss 为 2 的倍数	0.2 s
降水量(翻斗式)	hh:mm:00 000−1 min	1 min
降水量(称重式)	hh:mm:00 000−1 min	1 min
蒸发量(水位值)	hh:mm:00 000−1 min	1 min
积雪深度	hh:mm:00 000−1 min	1 min

3. 算法的常用计算公式和适用场合

1. 算术平均法

(1)计算公式

$$\bar{Y} = \frac{\sum\limits_{i=1}^{N} y_i}{m} \tag{3.1}$$

式中:$\bar{Y}$——观测时段内气象变量的平均值;

y_i——观测时段内第 i 个气象变量的采样瞬时值(样本),其中,"错误"、"可疑"等非"正确"的样本应丢弃而不用于计算,即令 $y_i=0$;

N——观测时段内的样本总数,由"采样频率"和"平均值时间区间"决定;

m——观测时段内"正确"的样本数($m \leqslant N$)。

(2)适用场合

气压、温度、相对湿度、1 min 平均风速、2 min 平均风速、地温、能见度等气象变量平均值的计算。

2. 滑动平均法

(1)计算公式

$$\overline{Y}_n = \frac{\sum\limits_{i=a}^{n} y_i}{m} \tag{3.2}$$

式中:$\overline{Y}_n$——第 n 次计算的气象变量的平均值;

y_i——第 i 个样本值,其中,"错误"、"可疑"等非"正确"的样本应丢弃而不用于计算;

a——在移动着的平均值时间区间内的第 1 个样本:当 $n \leqslant N$ 时,$a=1$,当 $n>N$ 时 $a=n-N+1$;

N 是平均值时间区间内的样本总数,由采样频率和平均值时间区间决定;

m——在移动着的平均值时间区间内"正确"的数据样本数($m \leqslant N$)。

(2)适用场合

3 s 平均风速、10 min 平均风速、10 min 平均能见度等气象变量平均值的计算。

3. 单位矢量平均法

(1)计算公式

$$\overline{W_D} = \arctan\left(\frac{\overline{X}}{\overline{Y}}\right) \tag{3.3}$$

$$\overline{X} = \frac{1}{N} \times \sum_{i=1}^{N} \sin D_i$$

$$\overline{Y} = \frac{1}{N} \times \sum_{i=1}^{N} \cos D_i$$

式中:$\overline{W_D}$——观测时段内的平均风向。

D_i——观测时段内第 i 个风矢量的幅角(与 y 轴的夹角)。

$\overline{X}$——观测时段内单位矢量在 x 轴(西东方向)上的平均分量。

$\overline{Y}$——观测时段内单位矢量在 y 轴(南北方向)上的平均分量。

N——观测时段内的样本数,由"采样频率"和"平均值时间区间"决定。

(2)平均风向的修正

应根据 $\overline{X}$、$\overline{Y}$ 的正负,对 $\overline{W_D}$ 进行修正。

$\overline{X}>0$、$\overline{Y}>0$,$\overline{W_D}$ 无须修正。

$\overline{X}>0$、$\overline{Y}<0$ 或 $\overline{X}<0$、$\overline{Y}<0$,$\overline{W_D}$ 加 180°。

$\overline{X}<0$、$\overline{Y}>0$,$\overline{W_D}$ 加 360°。

(3)适用场合

3 s 平均风向、1 min 平均风向、2 min 平均风向、10 min 平均风向等气象变量平均值的计算。

4. 瞬时值、平均值、累计值计算

(1)气压、气温、湿度、地温(瞬时值)

有两种不同计算方法,根据不同应用场合进行选择:

1)对 1 min 内的"正确"的采样值计算平均值,应有大于 66% 的采样瞬时值可用于计算瞬时值,若不符合这一质量控制规程,则当前瞬时值标识为"缺失"。

2)用 1 min 内的采样值计算均方差 σ,凡样本值与平均值的差的绝对值大于 3σ 的样本值予以剔除,对剩余的样本值计算平均作为瞬时值。

(2)风向、风速

1)3 s 平均值

对于风速以 0.25 s 为时间步长,滑动求取每 0.25 s 的 3 s 平均风速,对 3 s 内的"正确"的采样值计算平均值,应有大于 75% 的采样瞬时值可用于计算 3 s 平均值,若不符合这一质量控制规程,则当前 3 s 平均值标识为"缺失"。

风向用 1 min 平均值代替。

2)1 min 平均值

以 1 s 为时间步长,取每整秒的瞬时值,对 1 min 内的"正确"的瞬时值计算平均值,应有大于 75% 的瞬时值可用于计算 1 min 平均值,若不符合这一质量控制规程,则当前 1 min 平均值标识为"缺失"。

3)2 min 平均值

以 1 s 为时间步长,取每整秒的瞬时值,对 2 min 内的"正确"的瞬时值计算平均值,应有大于 75% 的瞬时值可用于计算 2 min 平均值,若不符合这一质量控制规程,则当前 2 min 平均值标识为"缺失"。(除正点外,其他时间也应计算,数据不存储,保存在缓存中实时刷新。)

4)10 min 平均值

以 1 min 为时间步长,对每分钟的 1 min 平均值求每分钟的 10 min 滑动平均。对 10 min 内的"正确"的 1 min 平均值计算 10 min 平均值,应有大于 75% 的 1 min 平均值可用于计算 10 min 平均值,若不符合这一质量控制规程,则当前 10 min 平均值标识为"缺失"。

(3)降水量(翻斗式)

1)1 min 累计值

对传感器 1 min 内的输出脉冲或累计量进行计数得到。

2)1 h 累计值

1 h 内 60 个 1 min 累计值中的"正确"的 1 min 累计值的累计值。

(4)降水量(称重式)

1)1 min 累计值

1 min 内的降水量累计值,可根据选用的传感器的特性选择合适的算法。

2)1 h 累计值

1 min 内的降水量累计值,可根据选用的传感器的特性选择合适的算法。

通用的算法为:1 h 内 60 个 1 min 累计值中的"正确"的 1 min 累计值的累计值。

(5)蒸发量

蒸发量的计算应考虑降水量和溢出量的影响。

1)1 min 累计值

1 min 内的蒸发量累计值,可根据选用的传感器的特性选择合适的算法。当前分钟的蒸发量为当前 1 min 内平均水位与前 1 min 平均水位的差。实时给出的是当前小时内的累计值,即当时分钟的平均水位与本小时开始分钟的平均水位之差。

注:为了检验每分钟的时内小时累计蒸发量和日累计蒸发量,在每分钟数据中需给出当前

1 min 内平均水位。

2）1 h 累计值

1 h 内的蒸发量累计值，可根据选用的传感器的特性选择合适的算法。

通用的算法为：以小时内前后 1 min 的平均水位差计算得到。

5. 极值挑选

（1）气温、草面温度、地面温度、本站气压

1）最高（大）值

从 1 h 内 60 个 1 min 平均值的"正确"值中挑选最高（大）值，并记录时间。

2）最低（小）值

从 1 h 内 60 个 1 min 平均值的"正确"值中挑选最低（小）值，并记录时间。

（2）湿度

最小值

从 1 h 内 60 个 1 min 平均值的"正确"的 1 min 平均值中挑选最小值，并记录时间。

（3）能见度

最小值

从 1 h 内 60 个 10 min 滑动平均值的"正确"的 10 min 滑动平均值中挑选最小值，并记录时间。

（4）风向、风速

1）最大值

从 1 h 内 60 个 10 min 平均风速的"正确"值中挑选最大值，并记录相应的风向和时间。

2）极大值

分别从 1 min、1 h 内所有 3 s 平均风速的"正确"值中挑选最大值，并记录对应整分时风向和时间。

6. 传感器测量值修正

在进行自动气象站校准时，若某传感器的测量值与标校值存在差值，按照该传感器的校准规程对测量值进行修正。

3.5　嵌入式软件流程

3.5.1　采集软件处理流程

采集软件按规定的采样频率对气象要素传感器输出信号进行采样，并对采样值进行数据质量控制；对通过数据质量控制的采样值按规定的算法进行加工处理，得到气象要素瞬时值，并对瞬时值进行数据质量控制；对通过数据质量控制的瞬时值按规定的要求进行导出量计算、极值统计等处理；对所有观测数据进行编码形成数据文件保存，并可将观测数据提交到业务软件。采集器软件的处理流程见图 3.5-1。

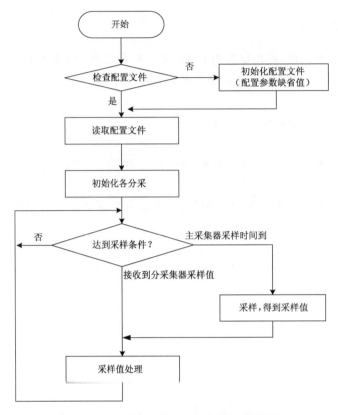

图 3.5-1　新型自动气象站数据采集流程

1. 初始化。采集器上电启动后,先检查参数配置文件是否存在,若不存在,则以各参数的默认值重新生成配置文件;若存在,则读取配置文件中的参数,然后对主采集器和分采集器分别进行初始化。

2. 气象要素采样。分为对主采集器连接的气象要素传感器的采样和对分采集器连接的气象要素传感器的采样。

(1)主采集器采样:按各要素规定的采样频率等待规定的采样时间到,对传感器进行采样,得到气象要素采样值,然后进入采样值加工处理过程。

(2)分采集器采样:首先由分采集器按规定的采样频率对传感器采样,将采样值通过CANopen协议发送到主采集器;主采集器通过 CANopen 协议获得气象要素采样值,然后进入采样值加工处理过程。

3.5.2　采样值加工处理流程

采集软件对采样值的加工处理流程见图 3.5-2。

1. 采样值数据质量控制。采集软件按数据质量控制程序对收到的气象要素采样值进行数据质量控制,包括极限范围检查和变化速率检查,检查完成后将采样数据和质量控制标识存入缓存。

2. 瞬时值计算。等待到达各要素规定的瞬时值计算时间(一般为 1 min),对采样值按规定的算法进行计算得到气象要素瞬时值(一般为分钟平均值)。

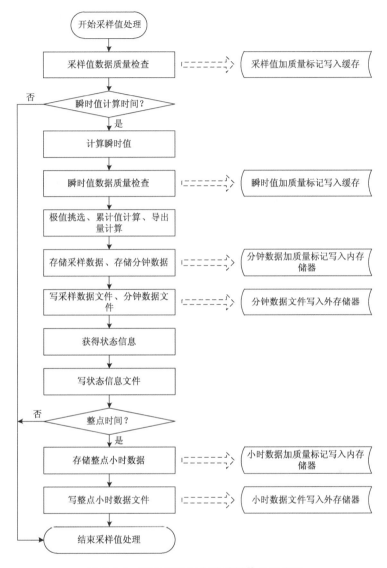

图 3.5-2 新型自动气象站采样值处理流程

3. 瞬时值数据质量控制。按数据质量控制程序对瞬时值进行质量检查,包括极限范围检查、变化速率检查,检查完成后将瞬时值和质量标识存入缓存。

4. 导出量和统计值计算。根据各要素规定,进行相应的导出量计算以及累计值、极值等统计。

5. 采样值和分钟数据存储。将各要素采样值和数据质量控制标识存入采集器内置存储器中;将各要素瞬时值、导出量及统计值编码成分钟数据记录,按规定的分钟数据文件格式存入采集器外部存储器中。

6. 状态信息获取。采集主采集器的主板温度、主板电压以及传感器状态等主采集器状态信息,通过 CANopen 协议从分采集器读取分采集器的状态信息。

7. 状态信息存储。将从主采集器、分采集器采集到的状态信息进行编码,按规定的状态信息文件格式存入采集器外部存储器中。

8. 整点数据处理及存储。根据采集器时钟判断,若已经到达整点时间,则将各要素瞬时值、导出量及统计值编码成小时数据记录,按规定的小时数据文件格式存入采集器外部存储器中。

3.5.3 数据采集流程

新型自动气象站数据采集流程见图 3.5-3。

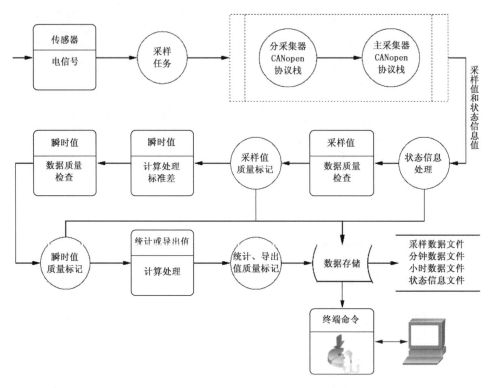

图 3.5-3 新型自动气象站数据采集流程图

3.6 传感器技术参数及接口定义

传感器是自动气象站的重要组成部分。目前在地面气象观测业务中使用的传感器有多种型号。本节仅介绍接入新型自动气象站的各观测要素传感器技术参数、接口定义及接线方式。

3.6.1 气压传感器

1. 传感器技术参数要求

(1)测量范围:500~1100 hPa(基本型)或 450~900 hPa(高原型);

(2)分辨力:0.1 hPa;

(3)最大允许误差:±0.3 hPa;

(4)使用温度范围:-40~50℃;

(5)供电电源:电压 DC（12±2）V,电流平均值小于 30 mA;

(6)信号输出方式:接口标准 RS-232;

(7)传感器具有互换性。

2. 接口定义

额定电源电压:DC 12 V;

输出信号类型:RS-232 串行输出;

通信参数:波特率 2400 bps(可设置),数据位 8,停止位 1,无校验;

输出方式:被动查询方式;

信号线形式:5 芯 RVVP 屏蔽电缆,线径 0.15 mm² 以上。

3. 接线方式

气压传感器接入采集器的 RS-232 通道。接入方式见表 3.6-1。

表 3.6-1　气压传感器接线方式

传感器端 RS-232 插头插针定义	电缆引线		采集器端子	
	标示	定义	标示	定义
9	+12V	12 V 电源	+12V	采集器 12V 电源输出
7	GND	地	GND	地
2	TX	TX	RX	RS-232 通道 RX 端
3	RX	RX	TX	RS-232 通道 TX 端
5	GND	地（RS-232）	GND	地（RS-232）

3.6.2　气温传感器

1. 传感器技术参数要求

(1)铂电阻分度号:Pt100;

(2)测量范围:−50～50℃;

(3)分辨力:0.1℃;

(4)最大允许误差:±0.2℃;

(5)传感器具有互换性。

2. 接口定义

输出信号类型:(四线制)电阻。

信号线形式:4 芯 RVVP 屏蔽电缆,线径 0.15 mm² 以上。

3. 接线方式

气温传感器接入温湿度分采集器的温度插座。

针脚定义见表 3.6-2。

表 3.6-2　气温传感器针脚定义

电缆引线			采集器端子	
针脚号	定义	标示	标示	定义
1	铂电阻脚 A	1*	*	恒流源输出
2	铂电阻脚 C	1+	+	模拟量输入+
3	铂电阻脚 B	1−	−	模拟量输入−
4	铂电阻脚 D	1R	R	恒流源回路

3.6.3　地面温度传感器

1. 传感器技术参数要求

(1)铂电阻分度号:Pt100;

(2)测量范围:−50~80℃;

(3)分辨力:0.1℃;

(4)最大允许误差:±0.2℃(−50~50℃),±0.3℃(50~80℃);

(5)相同种类传感器具有互换性。

2. 接口定义

输出信号类型:(四线制)电阻。

信号线形式:4芯RVVP屏蔽电缆,线径0.15 mm^{2}以上。

3. 接线方式

地面温度传感器通过机箱插座接入地温分采集器对应的模拟通道。针脚定义见表3.6-3。

表 3.6-3　地面温度传感器针脚定义

电缆引线			采集器端子	
针脚号	定义	标示	标示	定义
1	铂电阻脚A	N*	*	恒流源输出
2	铂电阻脚C	N+	+	模拟量输入+
3	铂电阻脚B	N−	−	模拟量输入−
4	铂电阻脚D	NR	R	恒流源回路

(其中N为具体接入的模拟通道号,如:CH1,则为1*、1+、1−、1R)

3.6.4　地温(草面温度、浅层、深层)传感器

1. 传感器技术参数要求

(1)铂电阻分度号:Pt100;

(2)测量范围:−50~80℃;

(3)分辨力:0.1℃;

(4)最大允许误差:±0.3℃;

(5)相同种类传感器具有互换性。

2. 接口定义

输出信号类型:(四线制)电阻。

信号线形式:4芯RVVP屏蔽电缆,线径0.15 mm^{2}以上。

3. 接线方式

地温(草面温度、浅层、深层)传感器通过机箱插座接入地温分采集器对应的模拟通道。针脚定义见表3.6-3。

3.6.5　湿度传感器

1. 传感器技术参数要求

(1)测量范围:5％RH～100％RH;

(2)分辨力:1％RH;

(3)最大允许误差:±3％RH(≤80％),±5％RH(>80％);

(4)使用温度范围:−50～50℃;

(5)时间常数:≤40 s;

(6)供电电源:电压 DC (12±2)V,电流平均值小于 5 mA;

(7)输出方式:电压 DC 0～1 V;

(8)传感器具有互换性。

2. 接口定义

输出信号类型:电压信号。

3. 接线方式

湿度传感器接入到温湿度分采的湿度插座。

针脚定义见表 3.6-4。

表 3.6-4　湿度传感器针脚定义

电缆接线			采集器端子	
针脚号	定义	标示	标示	定义
1	12V 电源	2*	*	采集器 12V 电源输出
2	湿度输出电压	2+	+	模拟量输入+
3	湿度信号地	2−	−	模拟量输入−
4	湿度电源地	2R	R	电源地

3.6.6　风向传感器

1. 传感器技术参数要求

(1)测量范围:0～360°;

(2)分辨力:3°;

(3)最大允许误差:±5°;

(4)起动风速:≤0.5 m/s;

(5)使用温度范围:−50～50℃;

(6)供电电源:电压 DC (5±0.5)V;电流平均值小于 20 mA;

(7)传感器具有互换性。

2. 接口定义

风向输出信号类型:7 位数字量(格雷码)。

输出形式:与风速传感器输出信号共用 12 芯 RVVP 屏蔽电缆,线径 0.15 mm² 以上,电缆长度根据安装高度配备。

3. 接线方式

机箱的插座接入到采集器的相应通道。

7 位数字量(风向)接入数字量通道。

见表 3.6-5。

表 3.6-5　风向传感器针脚定义

电缆引线			采集器端子	
插头针脚号	定义	标示	标示	定义
11	风向 5 V 电源	Vd	+5 V	采集器 5 V 电源输出
12	传感器地	GND	GND	采集器地
7	风向格雷码 D6	D6	D6	数字通道 D6
6	风向格雷码 D5	D5	D5	数字通道 D5
5	风向格雷码 D4	D4	D4	数字通道 D4
4	风向格雷码 D3	D3	D3	数字通道 D3
3	风向格雷码 D2	D2	D2	数字通道 D2
2	风向格雷码 D1	D1	D1	数字通道 D1
1	风向格雷码 D0	D0	D0	数字通道 D0

3.6.7　风速传感器

1. 传感器技术参数要求

(1)测量范围:0～60 m/s;

(2)分辨力:0.1 m/s;

(3)最大允许误差:±(0.5＋0.03V) m/s;

(4)起动风速:≤0.5 m/s;

(5)输出:频率信号,校准方程为线性;

(6)使用温度范围:－50～50℃;

(7)供电电源:电压 DC (5±0.5)V;电流平均值小于 5 mA;

(8)相同类型传感器具有互换性。

2. 接口定义

电源电压:DC 5 V。

输出信号类型:频率。

输出形式:与风向共用 12 芯 RVVP 屏蔽电缆。

3. 接线方式

通过机箱的插座接入到采集器相应的频率计数通道。

见表 3.6-6。

表 3.6-6　风速传感器针脚定义

电缆引线			采集器端子	
针脚号	定义	标示	标示	定义
1	风速 5 V 电源	Vs	+5 V	采集器 5 V 电源输出
2	风速信号线	C2	C2	频率计数通道
3	传感器地	GND	GND	采集器地

3.6.8 翻斗式雨量传感器

1. 传感器技术参数要求

(1)承水口内径:$\Phi 200_0^{+0.6}$ mm;

(2)雨强测量范围:0~4 mm/min;

(3)分辨力:0.1 mm;

(4)最大允许误差:0.4 mm(≤10 mm);±4%(>10 mm);

(5)使用温度范围:0~50℃;

(6)传感器具有互换性。

2. 接口定义

输出信号类型:脉冲信号;

信号线形式:2芯RVVP屏蔽电缆(线径0.15 mm² 以上)。

3. 接线方式

通过机箱的插座接入到采集器相应的计数通道。见表3.6-7。

表 3.6-7 翻斗式雨量传感器针脚定义

电缆引线			采集器端子	
针脚号	定义	标示	标示	定义
2	信号+	C1	C1	频率计数输入
4	信号地	GND	GND	地

3.6.9 称重式降水量传感器

1. 传感器技术参数要求

(1)承水口内径:$\Phi 200_0^{+0.6}$;

(2)承水桶容量范围:0~400 mm;

(3)分辨力:0.1 mm;

(4)最大允许误差:±0.4 mm(≤10 mm);±4%(>10 mm);

(5)使用温度范围:-45~60℃;

(6)供电电源:工作电压范围 DC 9~15 V;

(7)输出方式:RS-232/RS-485/脉冲信号;

(8)相同类型传感器具有互换性。

2. 接口定义

输出信号类型:RS-485输出或RS-232输出或脉冲信号;

通信参数:波特率9600 bps,数据位8,停止位1,无校验;

输出方式:查询方式;

信号线形式:4芯RVVP屏蔽电缆,线径0.15 mm² 以上。

3. 接线方式

称重式降水传感器使用RS-485接口时,通过机箱插座接入到采集器相应的RS-485通道。见表3.6-8。

表 3.6-8　称重式降水传感器接线方式（RS-485）

电缆引线			采集器端子	
针脚号	定义	标示	标示	定义
1	12 V 电源	+12 V	+12 V	采集器 12 V 电源输出
2	RS-485A	A	A	RS-485 通道 A 输入端
3	RS-485B	B	B	RS-485 通道 B 输入端
4	地	GND	GND	地

称重式降水传感器使用 RS-232 接口时，通过机箱插座接入到采集器相应的 RS-232 通道。见表 3.6-9。

表 3.6-9　称重式降水传感器接线方式（RS-232）

电缆引线			采集器端子	
针脚号	定义	标示	标示	定义
1	12 V 电源	+12 V	+12 V	采集器 12 V 电源输出
2	RXD	R	T	RS-232 通道数据发送
3	TXD	T	R	RS-232 通道数据接收
4	地	GND	GND	地
5	地	G	G	地

3.6.10　蒸发传感器

1. 传感器技术参数要求

(1)测量范围:0~100 mm；

(2)分辨力:0.1 mm；

(3)最大允许误差:±0.2 mm(≤10 mm)；±2%(>10 mm)；

(4)供电电源:电压 DC(12±2)V；电流平均值小于 300 mA；

(5)输出方式:电流 4~20 mA；

(6)使用温度范围:0~50℃；

(7)相同类型传感器具有互换性。

2. 接口定义

输出信号类型:电流信号；

信号线形式:4 芯 RVVP 屏蔽电缆,线径 0.15 mm² 以上。

3. 接线方式

通过机箱插座接入到采集器相应的模拟通道。

见表 3.6-10。

表 3.6-10　蒸发传感器接线方式

电缆引线			采集器端子	
针脚号	定义	标示	标示	定义
1	12 V 电源	N*	*	采集器 12 V 电源输出
2	输出电流＋	N＋	＋	模拟量输入＋
3	输出电流－	N－	－	模拟量输入－
4	传感器地	NR	R	采集器地

3.6.11　能见度传感器

1. 传感器技术参数要求

(1)测量范围:10~30000 m;

(2)分辨力:1 m;

(3)最大允许误差:±10%(≤1500 m),±20%(>1500 m);

(4)输出:RS-232 或 RS-485;

(5)使用温度范围:-45~50℃;

(6)相同类型传感器具有互换性;

(7)供电电源:单相交流供电:电压 220 V(±10%),频率 50 Hz(±6%);

　　　　　　　直流供电:电压 12 V(±2 V)或 24 V(±2 V)。

2. 接口定义

输出信号类型:RS-485 或者 RS-232 输出;

通信参数:波特率 9600 bps,数据位 8,停止位 1,无校验;

输出方式:查询方式;

信号线形式:4 芯 RVVP 屏蔽电缆,线径 0.15 mm² 以上;

电源线 AC 220 V:3 芯 RVV 电缆,线径 1 mm² 以上。

3. 接线方式

能见度传感器采用 RS-485 接口时,通过机箱插座接入到采集器相应的 RS-485 通道。见表 3.6-11。

表 3.6-11　能见度传感器接线方式(RS-485)

电缆引线			采集器端子	
针脚号	定义	标示	标示	定义
1	12 V 电源	+12 V	+12 V	采集器 12 V 电源输出
2	RS-485A	A	A	RS-485 通道 A 输入端
3	RS-485B	B	B	RS-485 通道 B 输入端
4	地	GND	GND	地

能见度传感器采用 RS-232 接口时,通过机箱插座接入到采集器相应的 RS-232 通道。见表 3.6-12。

表 3.6-12　能见度传感器接线方式(RS-232)

电缆引线			采集器端子	
针脚号	定义	标示	标示	定义
1	12 V 电源	+12 V	+12 V	采集器 12 V 电源输出
2	RXD	R	T	RS-232 通道数据发送
3	TXD	T	R	RS-232 通道数据接收
4	地	GND	GND	地

3.6.12　积雪深度传感器

1. 传感器技术参数要求

(1)测量范围:0～150 cm;

(2)分辨力:0.1 cm;

(3)最大允许误差:±1 cm;

(4)输出:RS-232;

(5)相同类型传感器具有互换性;

(6)供电电源:电压 DC 12±2 V。

2. 接口定义

输出信号类型:RS-232 输出

通信参数:波特率 1200 bps,数据位 8,停止位 1,无校验。

输出方式:查询方式;

信号线形式:4 芯 RVVP 屏蔽电缆,线径 0.15 mm² 以上。

电源线 AC 220 V:3 芯 RVV 电缆,线径 1 mm² 以上。

3. 接线方式

积雪深度传感器采用 RS-232 接口时,通过机箱插座接入到采集器相应的 RS-232 通道。见表 3.6-13。

表 3.6-13　积雪深度传感器接线方式

电缆引线			采集器端子	
针脚号	功能	标示	标示	功能
1	12 V 电源	+12 V	+12 V	采集器 12 V 电源输出
2	RXD	R	T	RS-232 通道数据发送
3	TXD	T	R	RS-232 通道数据接收
4	地	GND	GND	地

3.7　数据文件格式

新型自动气象站数据文件包括直接写入外存储卡的实时数据文件、通过终端计算机写入的采集数据文件和实时上传数据文件三大类。除此之外,还应按月形成台站自动气象站沿革信息文件,包括仪器检定和标定、更换采集器和传感器、升级嵌入式软件和业务软件、近地面环境参数(包括土壤性质和周围植被状况)和周围观测环境的变化情况、对观测记录有影响的干扰源等内容。本节仅介绍自动气象站采集器端存储器的数据文件,包括常规气象要素数据文件和状态信息文件。见表 3.7-1。

表 3.7-1　自动气象站采集器端存储器数据文件组成

文件	文件名	说明
常规气象要素数据文件	GGYYMMDD. DAT	每日逐分钟数据
状态信息文件	STYYMMDD. DAT	

3.7.1　常规气象要素数据文件

1. 文件名

GGYYMMDD. DAT,简称 GG 文件。其中:GG 为指示符,表示为常规气象要素数据;YY 为年份的后两位,MM 为月份,DD 为日期,月份和日期不足两位时,前面补"0",DAT 为固定编码。

2. 文件形成

(1)该文件每日一个,采用定长的随机文件记录方式写入,每一条记录 256 Byte,记录尾用回车换行结束,ASCII 字符写入,每个要素值高位不足补空格。

(2)文件第一次生成时应进行初始化,初始化的过程是:首先检测常规气象要素数据文件是否存在,如无该日分钟常规气象要素数据文件,则生成该文件,要素位置一律存相应长度的"—"字符(即减号)。

(3)文件内容按北京时计时。

3. 文件内容

(1)常规气象要素数据文件的第 1 条记录为本站当日基本参数,内容及排列顺序见表 3.7-2。

表 3.7-2　常规气象要素数据文件基本参数行格式

序号	参数	字长 (Byte)	序号	参数	字长 (Byte)
1	区站号	5	21	气压传感器标识	1
2	年	5	22	风向传感器标识	1
3	月	5	23	风速传感器标识	1
4	日	5	24	传感器保留标识位,存 0	1
5	经度	8	25	翻斗式或容栅式雨量传感器标识(RAT)	1
6	纬度	7	26	传感器保留标识位,存 0	1
7	观测场海拔高度	5	27	称重式降水传感器标识	1
8	气压传感器海拔高度	5	28	草面温度传感器标识	1
9	风速传感器距地(平台)高度	5	29	地面温度传感器标识	1
10	平台距地高度	5	30	传感器保留标识位,存 0	1
11	自动站类型标识	1	31	5 cm 地温传感器标识	1
12	百叶箱气温传感器标识	1	32	10 cm 地温传感器标识	1
13	传感器保留标识位,存 0	1	33	15 cm 地温传感器标识	1
14	传感器保留标识位,存 0	1	34	20 cm 地温传感器标识	1
15	传感器保留标识位,存 0	1	35	40 cm 地温传感器标识	1
16	传感器保留标识位,存 0	1	36	80 cm 地温传感器标识	1
17	传感器保留标识位,存 0	1	37	160 cm 地温传感器标识	1
18	传感器保留标识位,存 0	1	38	320 cm 地温传感器标识	1
19	湿球温度传感器标识,存 0	1	39	蒸发传感器标识	1
20	湿敏电容传感器标识	1	40	能见度传感器标识	1

续表

序号	参数	字长 (Byte)	序号	参数	字长 (Byte)
41	传感器保留标识位,存0	1	46	传感器保留标识位,存0	1
42	传感器保留标识位,存0	1	47	传感器保留标识位,存0	1
43	传感器保留标识位,存0	1	48	版本号	5
44	积雪深度传感器标识	1	49	保留	159
45	传感器保留标识位,存0	1	50	回车换行	2

注:经度和纬度按度、分、秒存放,最后1位为东、西经度标识和南、北纬度标识,经度的度为3位,分和秒均为2位,高位不足补"0",东经标识"E",西经标识"W";纬度的度为2位,分和秒均为2位,高位不足补"0",北纬标识为"N",南纬标识为"S";

观测场海拔高度、气压传感器海拔高度、风速传感器距地(平台)高度、平台距地高度:保留1位小数,原值扩大10倍存入;

自动气象站类型标识:基本要素站存"1",气候观测站存"2",基本要素与气候观测要素综合站存"3";

各传感器标识:有该项目存"1",无该项目存"0",部分传感器标识位定义为保留,存"0";

保留位均用"—"填充;

版本号:以便版本升级和功能扩展,现为V1.00。

(2)文件中每分钟为一条记录,每小时60条记录。记录号的计算方法:

当 $H>20$ 时,$N=(H-20)(60+M+1)$;当 $H \leqslant 20$ 时,$N=(H+4)(60+M+1)$;式中:N 为记录号,H 为北京时的小时,M 为北京时的分钟。

(3)文件中第1条后的每一条记录,存48个要素的分钟值和对应在数据质量控制标志(部分要素位定义为保留位),以ASCII字符写入,除本站气压、能见度为5 Byte外,每个要素长度为4 Byte,最后两位为回车换行符,内容和排列顺序见表3.7-3。

表 3.7-3　分钟常规气象要素数据文件各要素位长及排列顺序

序号	要素名	字长 (Byte)	序号	要素名	字长 (Byte)
1	时、分(北京时)	4	22	相对湿度	4
2	2 min 平均风向	4	23	水汽压	4
3	2 min 平均风速	4	24	露点温度	4
4	10 min 平均风向	4	25	本站气压	5
5	10 min 平均风速	4	26	草面温度	4
6	分钟内最大瞬时风速的风向	4	27	地面温度(铂电阻)	4
7	分钟内最大瞬时风速	4	28	保留位,存入4位"—"	4
8	保留位,存入4位"—"	4	29	5 cm 地温	4
9	保留位,存入4位"—"	4	30	10 cm 地温	4
10	保留位,存入4位"—"	4	31	15 cm 地温	4
11	分钟降水量(翻斗式)	4	32	20 cm 地温	4
12	小时累计降水量(翻斗式)	4	33	40 cm 地温	4
13	保留位,存入4位"—"	4	34	80 cm 地温	4
14	保留位,存入4位"—"	4	35	160 cm 地温	4
15	分钟降水量(称重式)	4	36	320 cm 地温	4
16	小时累计降水量(称重式)	4	37	当前分钟蒸发水位	4
17	气温(百叶箱)	4	38	小时累计蒸发量	4
18	保留位,存入4位"—"	4	39	1 min 平均能见度	5
19	保留位,存入4位"—"	4	40	10 min 平均能见度	5
20	湿球温度	4	41	保留位,存入5位"—"	5
21	湿敏电容湿度值	4	42	保留位,存入4位"—"	4

序号	要素名	字长(Byte)	序号	要素名	字长(Byte)
43	保留位,存入 4 位"—"	4	48	保留位,存入 4 位"—"	4
44	保留位,存入 12 位"—"	12	49	保留位,存入 4 位"—"	4
45	积雪深度	4	50	数据质量控制标志	48
46	保留位,存入 4 位"—"	4	51	回车换行	2
47	保留位,存入 4 位"—"	4			

注:"日、时"作为记录识别标志用,日、时各两位,高位不足补"0",其中"日"是按北京时的日期;"时"是指正点小时;

若要素缺测,除有特殊规定外,则均应按约定的字长,每字节位均存入一个"/"字符,若因无传感器或停用,则相应位置仍保持"—"字符;

对于降水量,无降水时存入"0000",微量降水存入",,,,";

当使用湿敏电容测定湿度时,除在湿敏电容数据位写入相应的数据值外,同时应将求出的相对湿度值存入相对湿度数据位置,在湿球温度位置一律存"****";

现在天气现象编码按 WMO 有关自动气象站 SYNOP 天气代码表示,每种天气现象 2 位,最多存入 6 种现象,不足 6 种现象时低位用 00 填充。

(4)数据的记录单位按以《地面气象观测规范》规定为准,存储各要素值不含小数点,具体规定见表 3.7-4。

表 3.7-4　常规气象要素数据文件各要素记录单位和存储规定

要素名	记录单位	存储规定	要素名	记录单位	存储规定
气压	0.1 hPa	原值扩大 10 倍	风向	1°	原值
温度	0.1 ℃	原值扩大 10 倍	风速	0.1 m/s	原值扩大 10 倍
相对湿度	1 %	原值	蒸发水位、蒸发量	0.1 mm	原值扩大 10 倍
水汽压	0.1 hPa	原值扩大 10 倍	能见度	1 m	原值
露点温度	0.1 ℃	原值扩大 10 倍	积雪深度	1 cm	原值
降水量	0.1 mm	原值扩大 10 倍			

3.7.2　自动气象站状态信息文件

1. 文件名

STYYMMDD. DAT ,简称 ST 文件。其中:ST 为指示符,表示为自动气象站状态信息;YY 为年份的后两位,MM 为月份,DD 为日期,月份和日期不足两位时,前面补"0",DAT 为固定编码。

2. 文件形成

(1)该文件每日一个,采用定长的随机文件记录方式写入,每一条记录 249 Byte,记录尾用回车换行结束,ASCII 字符写入,每个要素值高位不足补空格。

(2)文件第一次生成时应进行初始化,初始化的过程是:首先检测状态信息文件是否存在,如无该日状态信息文件,则生成该文件,要素位置一律存相应长度的"—"字符(即减号)。

(3)文件内容按北京时计时。

3. 文件内容

(1)状态信息文件的第 1 条记录为本站当日基本参数,内容及排列顺序见表 3.7-5。

表 3.7-5　状态信息文件基本参数行格式

序号	参数	字长(Byte)	序号	参数	字长(Byte)
1	区站号	5	14	保留(智能传感器 4 有无标识)	1
2	年	5	15	温湿度分采有无标识	1
3	月	5	16	保留(智能传感器 5 有无标识)	1
4	日	5	17	保留(智能传感器 6 有无标识)	1
5	经度	8	18	保留(智能传感器 7 有无标识)	1
6	纬度	7	19	保留(智能传感器 8 有无标识)	1
7	观测场海拔高度	5	20	保留(智能传感器 9 有无标识)	1
8	自动站类型标识	1	21	保留(智能传感器 10 有无标识)	1
9	主采集器有无标识	1	22	CF 外存储设备有无标识	1
10	保留(智能传感器 1 有无标识)	1	23	传感器有无标识(排列顺序见表 3.8-2,保留位标识存"0")	73
11	保留(智能传感器 2 有无标识)	1	24	版本号	5
12	地温分采集器有无标识	1	25	保留	116
13	保留(智能传感器 3 有无标识)	1	26	回车换行	2

注:经度和纬度按度分秒存放,最后 1 位为东、西经标识和南、北纬度标识,经度的度为 3 位,分和秒均为 2 位,高位不足补"0",东经标识"E",西经标识"W";纬度的度为 2 位,分和秒均为 2 位,高位不足补"0",北纬标识为"N",南纬标识为"S";

观测场海拔高度:保留 1 位小数,原值扩大 10 倍存入;

自动气象站类型标识:基本要素站存"1",气候观测站存"2",基本要素与气候观测要素综合站存"3";

各采集器(包括智能传感器):有该项目录"1",无该项目存"0";

保留位均用"—"填充;

各模块、传感器:有该项目"1",无该项目存"0";

版本号:以便版本升级和功能扩展,现为 V1.00。

(2)文件中每分钟为一条记录,每小时 60 条记录。记录号的计算方法:

当 $H>20$ 时,$N=(H-20)(60+M+1)$;

当 $H\leqslant20$ 时,$N=(H+4)(60+M+1)$;

式中:N 为记录号,H 为北京时的小时,M 为北京时的分钟。

文件中第 1 条后的每一条记录,存各采集器、传感器的工作状态,以 ASCII 字符写入,每个要素长度为 4 Byte,最后两位为回车换行符,内容和排列顺序见表 3.7-6。

表 3.7-6　状态信息文件工作状态值位长及排列顺序

序号	要素名	字长(Byte)	序号	要素名	字长(Byte)
1	时、分(北京时)	4	10	保留位,存入 1 位"—"	1
2	主采集器运行状态	1	11	主采集器门开关状态	1
3	主采集器电源电压	4	12	主采集器 LAN 状态	1
4	主采集器供电类型	1	13	主采集器 RS-232/RS-485 终端通信状态	1
5	主采集器主板温度	4	14	CAN 总线状态	1
6	主采集器 AD 模块工作状态	1	15	保留位,存入 1 位"—"	1
7	主采集器计数器模块状态	1	16	保留位,存入 4 位"—"	4
8	主采集器 CF 卡状态	1	17	保留位,存入 1 位"—"	1
9	主采集器 CF 卡剩余空间	4	18	保留位,存入 4 位"—"	4

续表

序号	要素名	字长 (Byte)	序号	要素名	字长 (Byte)
19	保留位,存入 1 位"－"	1	38	保留位,存入 1 位"－"	1
20	保留位,存入 1 位"－"	1	39	保留位,存入 1 位"－"	1
21	保留位,存入 1 位"－"	1	40	保留位,存入 4 位"－"	4
22	保留位,存入 4 位"－"	4	41	保留位,存入 1 位"－"	1
23	保留位,存入 1 位"－"	1	42	保留位,存入 4 位"－"	4
24	保留位,存入 4 位"－"	4	43	保留位,存入 1 位"－"	1
25	保留位,存入 1 位"－"	1	44	保留位,存入 1 位"－"	1
26	保留位,存入 1 位"－"	1	45	温湿度智能传感器工作状态(格式见表 3.8-5,下同)	12
27	地温分采集器运行状态	1	46	保留(智能传感器 1 工作状态)	12
28	地温分采集器供电电压	4	47	保留(智能传感器 2 工作状态)	12
29	地温分采集器供电类型	1	48	保留(智能传感器 3 工作状态)	12
30	地温分采集器主板温度	4	49	保留(智能传感器 4 工作状态)	12
31	地温分采集器 AD 模块状态	1	50	保留(智能传感器 5 工作状态)	12
32	地温分采集器计数器模块状态	1	51	传感器工作状态	73
33	保留位,存入 1 位"－"	1	52	蒸发水位高度	4
34	保留位,存入 4 位"－"	4	53	称重式降水量水位	4
35	保留位,存入 1 位"－"	1	54	保留	10
36	保留位,存入 4 位"－"	4	55	回车换行	2
37	保留位,存入 1 位"－"	1			

注:供电电压、温度、蒸发水位、称重式降水承水桶水量,均取 1 位小数,原值扩大 10 倍存储,位数不足时高位补"0"。

例如:主板温度 12.5℃时,存入 0125,主板温度－2.5℃时,存入－025;

当分采集器或智能传感器不存在时,相应的供电电压、供电状态、主板温度、A/D 状态、计数器状态位置应填入相应位数的"－"字符;

当 CF 卡不存在时,剩余容量位置应填入相应位数的"－"字符;

蒸发传感器不存在时,水位位置应填入相应位数的"－"字符;

称重式降水传感器不存在时,水量位置应填入相应位数的"－"字符;

自动气象站工作状态值存储方式规定见表 3.7-7。

表 3.7-7　自动气象站工作状态值存储方式

序号	状态信息	表示方式
1	主、分采集器或智能传感器运行状态	"0"表示正常工作;"2"表示有故障,不能工作;"9"表示没有检查,不能判断当前工作状态;"N"表示没有该采集器或智能传感器
2	主、分采集器或智能传感器电源电压	单位为伏(V),取 1 位小数,原值扩大 10 倍存储;当没有分采集器或智能传感器时,则相应位置仍保持"－"字符
3	主、分采集器或智能传感器供电类型	"0"表示交流供电,"1"表示直流供电;当没有分采集器或智能传感器时,则相应位置仍保持"－"字符
4	主、分采集器或智能传感器主板温度	单位为摄氏度(℃),取 1 位小数,原值扩大 10 倍存储;当没有分采集器或智能传感器时,则相应位置仍保持"－"字符
5	主、分采集器或智能传感器 AD 模块工作状态	"0"表示正常工作;"2"表示有故障,不能工作;"9"表示没有检查,不能判断当前工作状态;"N"表示无 AD 模块;当没有分采集器或智能传感器时,则相应位置仍保持"－"字符

续表

序号	状态信息	表示方式
6	主、分采集器或智能传感器计数器模块状态	"0"表示正常工作;"2"表示有故障,不能工作;"9"表示没有检查,不能判断当前工作状态;"N"表示无 I/O 通道
7	主采集器 CF 卡状态	"0"表示正常工作;"1"表示没有检测到 CF 卡(没有插入);"2"表示有故障,不能工作;"9"表示没有检查,不能判断当前工作状态;"N"表示无 CF 卡
8	主采集器 CF 卡容量	单位为 MB,取整数;当没有或未插入 CF 卡时,则相应位置仍保持"一"字符
9	主采集器门开关状态	"0"表示打开或未关好;"1"表示关上
10	主采集器 LAN 状态	"0"表示正常工作;"2"表示有故障,不能工作;"9"表示没有检查,不能判断当前工作状态
11	主采集器 RS-232/RS-485 终端通信状态	"0"表示正常工作;"2"表示有故障,不能工作;"9"表示没有检查,不能判断当前工作状态
12	CAN 总线状态	"0"表示正常工作;"2"表示有故障,不能工作;"9"表示没有检查,不能判断当前工作状态
13	蒸发水位	单位为 mm,取 1 位小数,原值扩大 10 倍存储;当没有启用蒸发传感器时,则相应位置仍保持"一"字符
14	称重式降水量水位	单位为 mm,取 1 位小数,原值扩大 10 倍存储;当没有启用称重式降水传感器时,则相应位置仍保持"一"字符
15	传感器工作状态	0:表示正常工作 2:故障或未检测到,无法工作 3:表示采样值偏高 4:表示采样值偏低 5:表示采样值超测量范围上限 6:表示采样值超测量范围下限 9:表示没有检查,无法判断当前工作状态 N:表示传感器关闭或者没有配置

3.8 终端操作命令

3.8.1 终端命令的分类

终端操作命令为主采集器和终端计算机之间进行通信的命令,以实现对主采集器各种参数的传递和设置,从主采集器读取各种数据和下载各种文件。按照操作命令性质的不同,分为监控操作命令、数据质量控制参数操作命令、观测数据操作命令和报警操作命令四大类。

3.8.2 格式一般说明

(1)各种终端命令由命令符和相应参数组成,命令符由若干英文字母组成,参数可以没有,

或由一个或多个组成,命令符与参数、参数与参数之间用 1 个半角空格分隔(本书中用"_"表示);

(2)监控操作命令分一级和二级,若为二级命令时,一级与二级命令之间用 1 个半角空格分隔;

(3)在监控操作命令中,若命令符后不附带参数,则为读取数据采集器中相应参数;

(4)命令符后加"/?"可获得命令的使用格式;

(5)在计算机超级终端中,键入控制命令后,应键入回车/换行键,用"↙"表示;

(6)返回值的结束符均为回车/换行;

(7)命令非法时,返回出错提示信息"BAD COMMAND";

(8)本格式中返回值用"<>"给出;

(9)若无特殊说明,本部分中使用 YYYY-MM-DD HH:MM:SS 表示日期、时间格式。

3.8.3　监控操作命令

1. 设置或读取数据采集器的通信参数(SETCOM)

命令符:SETCOM

参数:波特率 数据位 奇偶校验 停止位

示例:若数据采集器的波特率为 9600 bps,数据位为 8,奇偶校验为无,停止位为 1,若对数据采集器进行设置,键入命令为:

SETCOM_9600_8_N_1↙

返回值:<F>表示设置失败,<T>表示设置成功。

若为读取数据采集器通信参数,直接键入命令:

SETCOM↙

正确返回值为<9600_8_N_1>

2. 设置或读取数据采集器的 IP 地址(IP)

命令符:IP

参数:IPv4 格式地址

示例:若数据采集器用于网络通信的 IP 为 192.168.20.8,对数据采集器进行设置,键入命令为:

IP_192.168.20.8↙

返回值:<F>表示设置失败,<T>表示设置成功。

若为读取数据采集器 IP 参数,直接键入命令:

IP↙

正确返回值为<192.168.20.8>

3. 读取数据采集器的基本信息(BASEINFO)

命令符:BASEINFO

参数:生产厂家_型号标识_采集器序列号_软件版本号

返回值格式如下:

<BASEINFO_4>↓表示 BASEINFO 命令有 4 条返回信息

<mC_xxxxxxxx>↓表示生产厂家编码

＜MODEL_xxxxxxxx＞↓表示采集器型号

＜ID_xxxxxxxx＞↓表示采集器序列号

＜Ver_xxxxxxx＞↙表示软件版本号

注：↓表示回车(CR)，即 chr(13)，下同。

4. 数据采集器自检(AUTOCHECK)

命令符：AUTOCHECK

返回的内容包括数据采集器日期、时间，通信端口的通信参数，采集器机箱温度、电源电压，各分采集器挂接状态，各传感器开启或关闭状态。

返回值格式如下：

＜AUTOCHECK_24＞↓表示 AUTOCHECK 命令有 24 条返回信息

＜DATE_2012-08-01＞↓表示采集器日期

＜TIME_10:28:58＞↓表示采集器时间

＜COM_9600_8_N_1＞↓表示通信端口的通信参数

＜MACT_7.2＞↓表示采集器机箱温度

＜DC_# #. #＞↓或＜AC_# #. #＞↓表示直流或交流电源

＜TARH_1＞↓或＜TARH_0＞↓表示温湿度分采挂接状态

＜EATH_1＞↓或＜EATH_0＞↓表示地温分采挂接状态

＜WD_1＞↓或＜WD_0＞↓表示风向传感器开启或关闭状态

＜WS_1＞↓或＜WS_0＞↓表示风速传感器开启或关闭状态

＜T0_1＞↓或＜T0_0＞↓表示温度传感器开启或关闭状态

＜U_1＞↓或＜U_0＞↓表示湿度传感器开启或关闭状态

＜RAT_1＞↓或＜RAT_0＞↓表示翻斗雨量传感器开启或关闭状态

＜P_1＞↓或＜P_0＞↓表示气压传感器开启或关闭状态

＜VI_1＞↓或＜VI_0＞↓表示能见度传感器开启或关闭状态

＜LE_1＞↓或＜LE_0＞↓表示蒸发传感器开启或关闭状态

＜RAW_1＞↓或＜RAW_0＞↓表示称重雨量传感器开启或关闭状态

5. 设置或读取数据采集器日期(DATE)

命令符：DATE

参数：YYYY-MM-DD(YYYY 为年，MM 为月，DD 为日)

示例：若对数据采集器设置的日期为 2015 年 7 月 21 日，键入命令为：

DATE_2015-07-21↙

返回值：＜F＞表示设置失败，＜T＞表示设置成功。

若数据采集器的日期为 2015 年 10 月 1 日，读取数据采集器日期，直接键入命令：

DATE↙

正确返回值为＜2015-10-01＞

6. 设置或读取数据采集器时间(TIME)

命令符：TIME

参数：HH:MM:SS(HH 为时，MM 为分，SS 为秒)

示例：若对数据采集器设置的时间为 12 时 34 分 00 秒，键入命令为：

TIME␣12:34:00↙

返回值:<F>表示设置失败,<T>表示设置成功。

若数据采集器的时间为 7 时 04 分 36 秒,读取数据采集器时间,直接键入命令:

TIME↙

正确返回值为<07:04:36>

7. 设置或读取气象观测站的区站号(ID)

命令符:ID

参数:台站区站号(5 位数字或字母)

示例:若所属气象观测站的区站号为 57494,则键入命令为:

ID␣57494↙

返回值:<F>表示设置失败,<T>表示设置成功。

若数据采集器中的区站号为 A5890,直接键入命令:

ID↙

正确返回值为<A5890>

8. 设置或读取气象观测站的纬度(LAT)

命令符:LAT

参数:DD. MM. SS(DD 为度,MM 为分,SS 为秒)

示例:若所属气象观测站的纬度为 32°14′20″,则键入命令为:

LAT␣32.14.20↙

返回值:<F>表示设置失败,<T>表示设置成功。

若数据采集器中的纬度为 42°06′00″,直接键入命令:

LAT↙

正确返回值为<42.06.00>

9. 设置或读取气象观测站的经度(LONG)

命令符:LONG

参数:DDD. MM. SS(DDD 为度,MM 为分,SS 为秒)

示例:若所属气象观测站的经度为 116°34′18″,则键入命令为:

LONG␣116.34.18↙

返回值:<F>表示设置失败,<T>表示设置成功。

若数据采集器中的经度为 108°32′03″,直接键入命令:

LONG↙

正确返回值为<108.32.03>

10. 设置或读取地方时差(TD)

命令符:TD

参数:分钟数。取整数,当经度≥120°为正,<120°为负。

示例:若所属气象观测站的纬度为 116°30′00″,则地方时差为－14 min,键入命令为:

TD␣－14↙

返回值:<F>表示设置失败,<T>表示设置成功。

若数据采集器中的地方时差为－35 min,直接键入命令:

TD↙

正确返回值为<−35>

11. 设置或读取观测场海拔高度（ALT）

命令符：ALT

参数：观测场海拔高度。单位为米（m），取 1 位小数，当低于海平面时，前面加"−"号。

示例：若所属自动气象站观测场的海拔高度为 113.6 m，则键入命令为：

　　　　　ALT＿113.6↙

返回值：<F>表示设置失败，<T>表示设置成功。

若数据采集器中的观测场海拔高度为−11.4 m，直接键入命令：

　　　　　ALT↙

正确返回值为<−11.4>

12. 设置或读取气压传感器海拔高度（ALTP）

命令符：ALTP

参数：气压传感器海拔高度。单位为米（m），取 1 位小数，当低于海平面时，前面加"−"号。

示例：若所属自动气象站的气压传感器海拔高度为 106.3 m，则键入命令为：

　　　　　ALTP＿106.3↙

返回值：<F>表示设置失败，<T>表示设置成功。

若数据采集器中的气压传感器海拔高度为−10.2 m，直接键入命令：

　　　　　ALTP↙

正确返回值为<−10.2>

13. 读取主采集箱门状态（DOOR）

命令符：DOOR

参数：主采集箱门的状态，用"0"、"1"表示，"0"表示打开或未关好，"1"表示关上。

示例：若主采集器门已关上，直接键入命令：

　　　　　DOOR↙

正确返回值为<1>

14. 读取数据采集器机箱温度（MACT）

命令符：MACT

参数：机箱温度。单位为摄氏度（℃），取 1 位小数。

示例：若数据采集器机箱温度为 7.2 ℃，直接键入命令：

MACT↙

正确返回值为<7.2>

15. 读取数据采集器电源电压（PSS）

命令符：PSS

参数：无。返回采集器当前的供电主体和电源电压值。返回格式见表3.8-1。

表 3.8-1　数据采集器电源电压命令返回格式

返回值	描　　述
AC,♯♯.♯	"AC"表示交流供电；♯♯.♯表示 AC/DC 变换后供给数据采集器的电源电压值，单位为伏（V），取 1 位小数；"AC"与电压值之间用半角逗号分隔
DC,♯♯.♯	"DC"表示蓄电池供电；♯♯.♯表示蓄电池供给数据采集器的电压值，单位为伏（V），取 1 位小数；"DC"与电压值之间用半角逗号分隔

示例：若数据采集器为蓄电池供电，其电压值为 12.8，键入命令：

PSS ↙

正确返回值为＜DC,12.8＞

16. 设置或读取各传感器状态（SENST）

命令符：SENST_XXX

本命令的一级命令符，分别与各传感器状态相对应，XXX 为传感器标识符，由 1～3 位字符组成，对应关系见表 3.8-2。

表 3.8-2　各传感器标识符

序号	传感器名称	传感器标识符（XXX）	序号	传感器名称	传感器标识符（XXX）
1	气压	P	29	蒸发量	LE
2	百叶箱气温	T0	30	能见度	VI
3	保留传感器位	—	31	保留传感器位	—
4	保留传感器位	—	32	保留传感器位	—
5	保留传感器位	—	33	保留传感器位	—
6	保留传感器位	—	34	天气现象	WW
7	湿敏电容传感器	U	35	积雪深度	SD
8	保留传感器位	—	36	保留传感器位	—
9	保留传感器位	—	37	保留传感器位	—
10	保留传感器位	—	38	保留传感器位	—
11	保留传感器位	—	39	保留传感器位	—
12	风向	WD	40	总辐射	GR
13	风速	WS	41	净全辐射	NR
14	保留传感器位	—	42	直接辐射	DR
15	降水量（翻斗式）	RAT	43	散射辐射	SR
16	保留传感器位	—	44	反射辐射	RR
17	降水量（称重式）	RAW	45	保留传感器位	—
18	草面温度	TG	46	保留传感器位	—
19	保留传感器位	—	47	保留传感器位	—
20	地面温度	ST0	48	大气长波辐射	AR
21	5 cm 地温	ST1	49	保留传感器位	—
22	10 cm 地温	ST2	50	保留传感器位	—
23	15 cm 地温	ST3	51	保留传感器位	—
24	20 cm 地温	ST4	52	保留传感器位	—
25	40 cm 地温	ST5	53	保留传感器位	—
26	80 cm 地温	ST6	54	保留传感器位	—
27	160 cm 地温	ST7	55	保留传感器位	—
28	320 cm 地温	ST8	56	保留传感器位	—

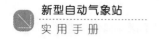
续表

序号	传感器名称	传感器标识符（XXX）	序号	传感器名称	传感器标识符（XXX）
57	保留传感器位	—	66	保留传感器位	—
58	保留传感器位	—	67	保留传感器位	—
59	保留传感器位	—	68	保留传感器位	—
60	保留传感器位	—	69	保留传感器位	—
61	保留传感器位	—	70	保留传感器位	—
62	保留传感器位	—	71	保留传感器位	—
63	保留传感器位	—	72	保留传感器位	—
64	保留传感器位	—	73	保留传感器位	—
65	保留传感器位	—			

参数：单个传感器的开启状态。用"0"或"1"表示，"1"表示传感器开启，"0"表示传感器关闭。

示例：若没有或停用蒸发传感器，则键入命令为：

SENST_LE_0 ↙

返回值：<F>表示设置失败，<T>表示设置成功。

若能见度传感器已启用，直接键入命令：

SENST_VI ↙

正确返回值为<1>

17. 读取数据采集器实时状态信息（RSTA）

命令符：RSTA

返回参数：主采集箱门状态、采集器的机箱温度、电源电压、各传感器状态。

主采集箱门状态、采集器的机箱温度、电源电压、各传感器状态返回格式分别与读取传感器状态的返回格式相同。

18. 设置或读取风速传感器的配置参数（SENCO）

命令符：SENCO_XXX

其中，XXX为风速传感器的标识符

参数：三次多项式系数 a0、a1、a2、a3。系数之间用半角空格分隔。

示例：若10m风速与频率的关系为 $V=0.1f$，则多项式系数为 0、0.1、0、0，键入命令为：

　　　SENCO_WS_0_0.1_0_0

返回值：<F>表示设置失败，<T>表示设置成功。

若风速与频率的关系为 $V=0.2315+0.0495f$，则多项式系数为 0.2315、0.0495、0、0，键入命令为：

　　　SENCO_WS_0.2315_0.0495_0_0 ↙

返回值：<F>表示设置失败，<T>表示设置成功。

数据采集器中的风速多项式系数为 0.2315、0.0495、0 、0，键入命令：

SENCO_WS ↙

正确返回值为<0.2315_0.0495_0_0>。

19. 设置或读取翻斗雨量传感器的配置参数（SENCO）

命令符:SENCO_XXX

其中,XXX 为传感器的标识符

参数:三次多项式系数 a0、a1、a2、a3。系数之间用半角空格分隔。

示例:若挂接的翻斗雨量传感器雨量与脉冲计数的关系 R＝0.1f,则多项式系数为 0、0.1、0、0,键入命令为:

SENCO_RAT_0_0.1_0_0↙

20. 维护操作命令(DEVMODE)

命令符:DEVMODE_XXX

其中,XXX 为称重式降水、蒸发传感器的标识符

参数:工作模式恢复时间。参数之间用半角空格分隔。工作模式:"0"表示正常工作,"2"表示维护状态。恢复时间表示从维护状态自动回到正常工作模式的时间,单位为分钟,只用于工作模式"2"。

参数不保存,采集器重新上电后自动进入工作模式。

示例:若需对称重式降水传感器维护 30 min,则键入命令为:

DEVMODE_RAW_2_30↙

返回值:<F>表示设置失败,<T>表示设置成功。

若称重式降水传感器维护完成,则键入如下命令立即恢复正常工作模式:

DEVMODE_RAW_0↙

返回值:<F>表示设置失败,<T>表示设置成功。

数据采集器中已设置蒸发传感器在维护状态,维护时间为 25 min,且维护过程已进行了 10 min,直接键入命令:

DEVMODE_LE↙

正确返回值为<2_15>,表示维护时间还余 15 min。

21. 系统中分采集器配置(DAUSET)

命令符:DAUSET_XXX

其中,XXX 为分采集器标识符,由 4 位字符组成,对应关系见表 3.8-3。

表 3.8-3   各分采集器标识符

序号	分采集器类别	标识符
1	温湿度分采集器	TARH
2	地温分采集器	EATH

参数:分采集器的配置。用"0"或"1"表示,"1"表示配置有相应分采集器,"0"表示没有配置相应分采集器。

示例:若系统配置有地温分采集器,则键入命令为:

DAUSET_EATH_1↙

返回值:<F>表示设置失败,<T>表示设置成功。

若系统没有配置地温分采集器,直接键入命令:

DAUSET_EATH↙

正确返回值为<0>

22. CF 卡模块配置(CFSET)

命令符:CFSET

参数:系统没有配置 CF 卡,参数为"0",如配置有 CF 卡,参数为"1"

示例:当前系统配置有 CF 模块,则键入命令为:

　　　　　CFSET_1✓

返回值:<F>表示设置失败,<T>表示设置成功。

若系统没有配置 CF 卡,直接键入命令:

　　　　　CFSET✓

正确返回值为<0>

23. 读取主采集器工作状态(STATMAIN)

命令符:STATMAIN

示例:读取主采集器当前工作状态,则键入命令为:

　　　　　STATMAIN✓

返回值:STATMAIN_0_126_1_225_0_0_0_1025_0_1_0_0_0_576_256✓

返回值的数据格式见表 3.8-4。

表 3.8-4　主采集器工作状态顺序及内容

序号	状态内容	表示方式
1	标识	STATMAIN
2	主采集器运行状态	"0"表示正常工作;"2"表示有故障,不能工作;"9"表示没有检查,不能判断当前工作状态;"N"表示没有该采集器
3	主采集器电源电压	单位为伏(V),取 1 位小数,原值扩大 10 倍存储
4	主采集器供电类型	"0"表示交流供电,"1"表示直流供电
5	主采集器主板温度	单位为摄氏度(℃),取 1 位小数,原值扩大 10 倍存储
6	主采集器 AD 模块工作状态	"0"表示正常工作;"2"表示有故障,不能工作;"9"表示没有检查,不能判断当前工作状态;"N"表示无 AD 模块
7	主采集器计数器模块状态	"0"表示正常工作;"2"表示有故障,不能工作;"9"表示没有检查,不能判断当前工作状态;"N"表示无 I/O 通道
8	主采集器 CF 卡状态	"0"表示正常工作;"1"表示没有检测到 CF 卡(没有插入);"2"表示有故障,不能工作;"9"表示没有检查,不能判断当前工作状态;"N"表示无 CF 卡
9	主采集器 CF 卡容量	单位为 MB,取整数;当没有或未插入 CF 卡时,填入一个"—"
10	保留位	填入一个"—"
11	主采集器门开关状态	"0"表示打开或未关好;"1"表示关上
12	主采集器 LAN 状态	"0"表示正常工作;"2"表示有故障,不能工作;"9"表示没有检查,不能判断当前工作状态
13	主采集器 RS-232/RS-485 终端通信状态	"0"表示正常工作;"2"表示有故障,不能工作;"9"表示没有检查,不能判断当前工作状态
14	CAN 总线状态	"0"表示正常工作;"2"表示有故障,不能工作;"9"表示没有检查,不能判断当前工作状态

序号	状态内容	表示方式
15	蒸发水位	单位为 mm,取 1 位小数,原值扩大 10 倍存储 当未启用蒸发传感器时,填入一个"—"
16	称重式降水传感器承水桶水量	单位为 mm,取 1 位小数,原值扩大 10 倍存储 当未启用称重式降水传感器时,填入一个"—"
17	保留 1	填入一个"—"
18	保留 2	填入一个"—"
19	保留 3	填入一个"—"
20	保留 4	填入一个"—"
21	保留 5	填入一个"—"

24. 读取温湿度分采集器工作状态(STATTARH)

命令符:STATTARH

示例:读取温湿度分采集器当前工作状态,则键入命令为:

STATTARH↙

返回值:STATTARH_0_126_1_225_0↙

返回值的数据格式见表 3.8-5。

表 3.8-5　温湿度分采集器工作状态顺序及内容

序号	状态内容	表示方式
1	标识	STATTARH
2	温湿度分采集器运行状态	"0"表示正常工作;"2"表示有故障,不能工作;"9"表示没有检查,不能判断当前工作状态;"N"表示没有该采集器
3	温湿度分采集器供电电压	单位为伏(V),取 1 位小数,原值扩大 10 倍存储
4	温湿度分采集器供电类型	"0"表示交流供电,"1"表示直流供电
5	温湿度分采集器主板温度	单位为摄氏度(℃),取 1 位小数,原值扩大 10 倍存储
6	温湿度分采集器 AD 模块工作状态	"0"表示正常工作;"2"表示有故障,不能工作;"9"表示没有检查,不能判断当前工作状态;"N"表示无 AD 模块

注:当智能传感器运行状态为"N"时,其余项的相应位置均填入一个"—"。

25. 读取地温分采集器工作状态(STATEATH)

命令符:STATEATH

示例:读取地温分采集器当前工作状态,则键入命令为:

STATEATH↙

返回值:STATEATH_0_126_1_225_0_0↙

返回值的数据格式见表 3.8-6。

表 3.8-6　地温分采集器工作状态顺序及内容

序号	状态内容	表示方式
1	标识	STATEATH
2	地温分采集器运行状态	"0"表示正常工作;"2"表示有故障,不能工作;"9"表示没有检查,不能判断当前工作状态;"N"表示没有该采集器

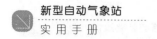

序号	状态内容	表示方式
3	地温分采集器供电电压	单位为伏(V),取1位小数,原值扩大10倍存储
4	地温分采集器供电类型	"0"表示交流供电,"1"表示直流供电
5	地温分采集器主板温度	单位为摄氏度(℃),取1位小数,原值扩大10倍存储
6	地温分采集器AD模块工作状态	"0"表示正常工作;"2"表示有故障,不能工作;"9"表示没有检查,不能判断当前工作状态;"N"表示无AD模块
7	地温分采集器计数器模块状态	"0"表示正常工作;"2"表示有故障,不能工作;"9"表示没有检查,不能判断当前工作状态;"N"表示无I/O通道
8	保留1	填入一个"-"
9	保留2	填入一个"-"
10	保留3	填入一个"-"
11	保留4	填入一个"-"
12	保留5	填入一个"-"

注:当智能传感器运行状态为"N"时,其余项的相应位置均填入一个"-"。

26. 读取传感器工作状态(STATSENSOR)

命令符:STATSENSOR_XXX

其中,XXX为传感器标识符,见表3.8-2。

示例:读取当前气温传感器工作状态,则键入命令为:

STATSENSOR_T0↙

返回值:0↙

若不带参数,则返回当前所有传感器工作状态。

传感器工作状态标识见表3.8-7。

表3.8-7　传感器工作状态标识

标识代码值	描述
0	"正常":正常工作
2	"故障或未检测到":无法工作
3	"偏高":采样值偏高
4	"偏低":采样值偏低
5	"超上限":采样值超测量范围上限
6	"超下限":采样值超测量范围下限
9	"没有检查":无法判断当前工作状态
N	"传感器关闭或者没有配置"

27. 读取自动气象站所有状态信息(STAT)

命令符:STAT

返回自动气象站所有状态信息,信息以定长方式存储,由命令标识、半角空格符、日期(yyyy-mm-dd)、半角空格符、时间(hh:mm)、半角空格符、状态数据组成,状态数据格式及排列顺序见表3.8-8。

示例：读取当前自动站工作状态，则键入命令为：

STAT ↙

返回值：STAT_2010-04-27_16：45_1020310234……↙

表 3.8-8　STAT 命令状态数据

序号	参数	字长 （Byte）	序号	参数	字长 （Byte）
1	主采集器运行状态	1	28	地温分采集器供电类型	1
2	主采集器电源电压	4	29	地温分采集器主板温度	4
3	主采集器供电类型	1	30	地温分采集器 AD 模块状态	1
4	主采集器主板温度	4	31	地温分采集器计数器模块状态	1
5	主采集器 AD 模块工作状态	1	32	保留位，填入 1 位"－"	1
6	主采集器计数器模块状态	1	33	保留位，填入 4 位"－"	4
7	主采集器 CF 卡状态	1	34	保留位，填入 1 位"－"	1
8	主采集器 CF 卡剩余空间	4	35	保留位，填入 4 位"－"	4
9	保留位，填入 1 位"－"	1	36	保留位，填入 1 位"－"	1
10	主采集器门开关状态	1	37	保留位，填入 1 位"－"	1
11	主采集器 LAN 状态	1	38	保留位，填入 1 位"－"	1
12	主采集器 RS-232/RS-485 终端通信状态	1	39	保留位，填入 4 位"－"	4
13	CAN 总线状态	1	40	保留位，填入 1 位"－"	1
14	保留位，填入 1 位"－"	1	41	保留位，填入 4 位"－"	4
15	保留位，填入 4 位"－"	4	42	保留位，填入 1 位"－"	1
16	保留位，填入 1 位"－"	1	43	保留位，填入 1 位"－"	1
17	保留位，填入 4 位"－"	4	44	温湿度分采工作状态（按表 3.8-5 内容顺序存储，下同）	12
18	保留位，填入 1 位"－"	1	45	保留（智能传感器 1 工作状态）	12
19	保留位，填入 1 位"－"	1	46	保留（智能传感器 2 工作状态）	12
20	保留位，填入 1 位"－"	1	47	保留（智能传感器 3 工作状态）	12
21	保留位，填入 4 位"－"	4	48	保留（智能传感器 4 工作状态）	12
22	保留位，填入 1 位"－"	1	49	保留（智能传感器 5 工作状态）	12
23	保留位，填入 4 位"－"	4	50	所有传感器工作状态（按表 3.8-2 所列传感器顺序排列）	73
24	保留位，填入 1 位"－"	1	51	蒸发水位高度	4
25	保留位，填入 1 位"－"	1	52	称重式降水量水位	4
26	保留位，填入 1 位"－"	1	53	保留	10
27	保留位，填入 4 位"－"	4	54	回车换行	2

注：供电电压、温度、蒸发水位、称重式降水传感器承水桶水量，均取 1 位小数，原值扩大 10 倍存储，位数不足时高位补"0"。

例如：主板温度 12.5℃时，存入 0125，主板温度－2.5℃时，存入－025；

当分采集器或智能传感器不存在时，相应的供电电压、供电状态、主板温度、A/D 状态、计数器状态位置应填入相应位数的"－"字符；

当 CF 卡不存在时，剩余容量位置应填入相应位数的"－"字符；

蒸发传感器不存在时，水位位置应填入相应位数的"－"字符；

称重式降水传感器不存在时，水量位置应填入相应位数的"－"字符。

28. 帮助命令（HELP）

命令符：HELP

返回值：返回终端命令清单，各命令之间用半角逗号分隔。

3.8.4　数据质量控制参数操作命令

1. 设置或读取各传感器测量范围值（QCPS）

命令符：QCPS_XXX

其中，XXX 为传感器标识符，由 1～3 位字符组成，对应关系见表 3.8-2。

参数：传感器测量范围下限_传感器测量范围上限_采集瞬时值允许最大变化值。各参数值按所测要素的记录单位存储。某参数无时，用"/"表示。

示例：若气温传感器测量范围下限为 −90℃，上限为 90℃，采集瞬时值允许最大变化值为 2℃，则键入命令为：

　　　　QCPS_T0_−90.0_90.0_2.0✓

返回值：＜F＞表示设置失败，＜T＞表示设置成功。

若读取采集器中湿敏电容传感器的设置值，湿度传感器测量范围下限为 0，上限为 100，采集瞬时值允许最大变化值为 5，直接键入命令：

　　　　QCPS_RH✓

正确返回值为＜0_100_5＞

2. 设置或读取各要素质量控制参数（QCPM）

命令符：QCPM_XXX

其中，XXX 为要素所对应的传感器标识符，由 1～3 位字符组成，对应关系见表 3.8-2。瞬时风速用 WS 表示，2 min 风速用 WS2 表示，10 min 风速用 WS3 表示。

参数：要素极值下限_要素极值上限_存疑的变化速率_错误的变化速率_最小应该变化的速率。各参数按所测要素的记录单位存储。某参数无时，用"/"或"−"表示。

示例：若气温极值的下限为 −75℃，上限为 80℃，存疑的变化速率为 3℃，错误的变化速率 5℃，最小应该变化的速率 0.1℃，则键入命令为：

　　　　QCPM_T0_−75.0_80.0_3.0_5.0_0.1✓

返回值：＜F＞表示设置失败，＜T＞表示设置成功。

若读取瞬时风速的质量控制参数，瞬时风速的下限为 0，上限为 70.0，存疑的变化速率为 10.0，错误的变化速率 20.0，最小应该变化的速率为"−"，直接键入命令：

　　　　QCPM_WS✓

正确返回值为＜0_70.0_10.0_20.0_−＞

3.8.5　观测数据操作命令

1. 观测数据一般格式

返回数据格式为数据帧，采用 ASCII 码，每个数据帧包括四个部分：

(1)数据帧标识字符串；

(2)站点区站号或代码；

(3)观测数据列表；

(4)结束标识符。

其中：数据帧标识字符串用 1～6 个字母表示，用来标识该数据帧的类型；结束标识符用回车/换行表示。

在一条指令中,当下载多个时间数据时,按照时间先后顺序返回各时间的完整数据帧,若只有 1 个或几个时间有数据,则按实有时间的数据返回。

若无返回值时,返回"F"表示数据读取失败。

观测数据列表包括观测时间组、各观测数据组索引标识、观测数据组索引指示数据的质量控制标志组和所对应各观测数据组。

数据帧标识字符串、站点区站号或代码、观测时间、各观测数据组索引标识、质量控制标志组、观测数据组以及观测数据组之间使用半角空格作为分隔符。

观测数据组索引由 0 和 1 指示,当某个传感器没有开启或停用,则相应的观测数据组索引置为 0,否则置为 1。某个数据组的索引值为 0 时,则所对应的观测数据组省略,索引值为 1 时,则存在所对应的观测数据组。

返回数据排列顺序如表 3.8-9。

表 3.8-9　终端命令返回数据排列顺序

序号	1	2	3	4	5	6	7	……	$n+5$
内容	标识字符串	区站号或 ID	观测时间	观测数据组索引	质量控制标志组（n 位）	观测数据 1	观测数据 2	……	观测数据 n

2. 下载分钟常规观测数据(DMGD)

命令符:DMGD

参数按如下三种方式给出:

不带参数,下载数据采集器所记录的最新分钟观测记录数据(最后一次下载结束以后的分钟观测记录数据);

参数为:开始时间_结束时间,下载指定时间范围内的分钟观测记录数据;

参数为:开始时间_n,下载指定时间开始的 n 条分钟观测记录数据。

开始时间、结束时间格式:YYYY-MM-DD_HH:MM

观测数据及排列顺序如表 3.8-10。

表 3.8-10　分钟常规观测数据返回内容及排列顺序

序号	内容	格式举例	序号	内容	格式举例
1	时间(北京时)	2006-02-28 16:43	9	分钟内最大瞬时风速	同 2 min 风速
2	观测数据索引	共 45 位	10	分钟降水量(翻斗式)	0.1 mm 输出 1 1.0 mm 输出 10
3	质量控制标志组	位长为观测数据索引中为 1 的个数,与各观测数据组相对应	11	小时累计降水量(翻斗式)	同上
4	2 min 平均风向	36°输出 36 123°输出 123	12	保留位	索引位存入"0"
5	2 min 平均风速	2.7 m/s 输出 27	13	保留位	索引位存入"0"
6	10 min 平均风向	同 2 min 风向	14	分钟降水量(称重式)	0.1 mm 输出 1 1.0 mm 输出 10
7	10 min 平均风速	同 2 min 风速	15	小时累计降水量(称重式)	同上
8	分钟内最大瞬时风速的风向	同 2 min 风向	16	气温	−0.8℃输出 −8 1.2℃输出 12

续表

序号	内容	格式举例	序号	内容	格式举例
17	湿球温度	同气温	33	小时累计蒸发量	同上
18	相对湿度	23％输出 23 100％输出 100	34	1 min 平均能见度	100 m 输出 100
19	水汽压	12.3 hPa 输出 123	35	10 min 平均能见度	100 m 输出 100
20	露点温度	同气温	36	保留位	索引位存入"0"
21	本站气压	1001.3 hPa 输出 10013	37	保留位	索引位存入"0"
22	草面温度	同气温	38	保留位	索引位存入"0"
23	地面温度	同气温	39	保留位	索引位存入"0"
24	5 cm 地温	同气温	40	积雪深度	1 cm 输出 1
25	10 cm 地温	同气温	41	保留位	索引位存入"0"
26	15 cm 地温	同气温	42	保留位	索引位存入"0"
27	20 cm 地温	同气温	43	保留位	索引位存入"0"
28	40 cm 地温	同气温	44	保留位	索引位存入"0"
29	80 cm 地温	同气温	45	扩展项数据 1	用户自定
30	160 cm 地温	同气温	46	扩展项数据 2	用户自定
31	320 cm 地温	同气温	47	扩展项数据 3	用户自定
32	当前分钟蒸发水位	0.1 mm 输出 1 1.0 mm 输出 10	48	扩展项数据 4	用户自定

注:若某记录缺测,相应各要素均至少用一个"/"字符表示;

降水量是当前时刻的分钟降水量,无降水时存入"0",微量降水存入",";

当使用湿敏电容测定湿度时,将求出的相对湿度值存入相对湿度数据位置,在湿球温度位置以"＊"作为识别标志;

现在天气现象编码按 WMO 有关自动气象站 SYNOP 天气代码表示,有多种现象时重复编码,最多 6 种。

数据记录单位:以《地面气象观测规范》规定为准,返回各要素值不含小数点,具体规定如表 3.8-11。

表 3.8-11　常规观测数据记录单位及存储规定

要素名	记录单位	存储规定	要素名	记录单位	存储规定
气压	0.1 hPa	原值扩大 10 倍	风向	1°	原值
温度	0.1 ℃	原值扩大 10 倍	风速	0.1 m/s	原值扩大 10 倍
相对湿度	1％	原值	蒸发量	0.1 mm	原值扩大 10 倍
水汽压	0.1 hPa	原值扩大 10 倍	能见度	1 m	原值
露点温度	0.1 ℃	原值扩大 10 倍	积雪深度	1 cm	原值
降水量	0.1 mm	原值扩大 10 倍	时间	月、日、时、分	各取 2 位,高位不足补 0

3. 下载小时常规观测数据(DHGD)

命令符:DHGD

参数按如下三种方式给出:

不带参数,下载数据采集器所记录的最新小时观测记录数据(最后一次下载结束以后的小时观测记录数据);

参数为:开始时间_结束时间,下载指定时间范围内的小时观测记录数据;

参数为:开始时间_n,下载指定时间开始的 n 条小时观测记录数据。

开始时间、结束时间格式:YYYY-MM-DD_HH

观测数据及排列顺序如表 3.8-12。

表 3.8-12 小时常规观测数据返回内容及排列顺序

序号	内容	格式举例	序号	内容	格式举例
1	时间（北京时）	2006 年 2 月 18 日 16 时输出：2006-02-28 16	37	草面最高温度出现时间	同最大风速出现时间
2	观测数据索引	共 68 位	38	草面最低温度	同气温
3	质量控制标志组	位长为观测数据索引中为 1 的个数，与各观测数据组相对应	39	草面最低温度出现时间	同最大风速出现时间
4	2 min 平均风向	36°输出 36 123°输出 123	40	地面温度	同气温
5	2 min 平均风速	2.7 m/s 输出 27	41	地表最高温度	同气温
6	10 min 平均风向	同 2 min 风向	42	地表最高温度出现时间	同最大风速出现时间
7	10 min 平均风速	同 2 min 风速	43	地表最低温度	同气温
8	最大风速的风向	同 2 min 风向	44	地表最低温度出现时间	同最大风速出现时间
9	最大风速	同 2 min 风速	45	5 cm 地温	同气温
10	最大风速出现时间	16 时 02 分输出 1602	46	10 cm 地温	同气温
11	分钟内最大瞬时风速的风向	同 2 min 风向	47	15 cm 地温	同气温
12	分钟内最大瞬时风速	同 2 min 风速	48	20 cm 地温	同气温
13	极大风向	同 2 min 风向	49	40 cm 地温	同气温
14	极大风速	同 2 min 风速	50	80 cm 地温	同气温
15	极大风速出现时间	同最大风速出现时间	51	160 cm 地温	同气温
16	小时降水量（翻斗式）	0.1 mm 输出 1 1.0 mm 输出 10	52	320 cm 地温	同气温
17	保留位	索引位存"0"	53	正点分钟蒸发水位	0.1 mm 输出 1 1.0 mm 输出 10
18	小时降水量（称重式）	同上	54	小时累计蒸发量	同上
19	气温	−0.8 ℃输出 −8 1.2 ℃输出 12	55	1 min 能见度	100 m 输出 100
20	最高气温	同气温	56	10 min 平均能见度	100 m 输出 100
21	最高气温出现时间	同最大风速出现时间	57	最小 10 min 平均能见度	同 1 min 能见度
22	最低气温	同气温	58	最小 10 min 平均能见度出现时间	同最大风速出现时间
23	最低气温出现时间	同最大风速出现时间	59	保留位	索引位存"0"
24	湿球温度	同气温	60	保留位	索引位存"0"
25	相对湿度	23％输出 23 100％输出 100	61	保留位	索引位存"0"
26	最小相对湿度	同相对湿度	62	保留位	索引位存"0"
27	最小相对湿度出现时间	同最大风速出现时间	63	积雪深度	1 cm 输出 1
28	水汽压	12.3 hPa 输出 123	64	保留位	索引位存"0"
29	露点温度	同气温	65	保留位	索引位存"0"
30	本站气压	1001.3 hPa 输出 10013	66	保留位	索引位存"0"
31	最高本站气压	1001.3 hPa 输出 10013	67	保留位	索引位存"0"
32	最高本站气压出现时间	同最大风速出现时间	68	扩展项数据 1	用户自定
33	最低本站气压	同本站气压	69	扩展项数据 2	用户自定
34	最低本站气压出现时间	同最大风速出现时间	70	扩展项数据 3	用户自定
35	草面温度	同气温	71	扩展项数据 4	用户自定
36	草面最高温度	同气温			

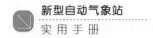
注：若某记录缺测，相应各要素均至少用一个"/"字符表示；

当使用湿敏电容测定湿度时，除在湿敏电容数据位写入相应的数据值外，同时应将求出的相对湿度值存入相对湿度数据位置，在湿球温度位置一律以"＊"作为识别标志；

正点值的含义是指北京时正点采集的数据；

"日、时"作为记录识别标志用，日、时各两位，高位不足补"0"，其中"日"是按北京时的日期；"时"是指正点小时；

日照采用地方平均太阳时，存储内容统一定为地方平均太阳时上次正点观测到本次正点观测这一时段内的日照总量；

各种极值存上次正点观测到本次正点观测这一时段内的极值；

小时降水量是从上次正点到本次正点这一时段内的降水量累计值，无降水时存入"0"，微量降水存入"，"；

现在天气现象编码按 WMO 有关自动气象站 SYNOP 天气代码表示。

数据记录单位同分钟常规观测数据。

4. 读取采样数据（SAMPLE）

能够读取采样数据的要素至少包括气温、相对湿度（湿敏电容或露点仪）、风向、风速、地温。

命令符：SAMPLE_XX

其中，XX 为传感器标识符

参数：YYYY-MM-DD_HH:MM

返回值：指定传感器、指定时间内的采样值。其中数据帧标识字符串定义为"SAMPLE_XX"，其中 XX 为对应的传感器标识符，每个数据之间使用半角空格作为分隔符，各传感器返回数据的组数为分钟内采样的频率。各要素的数据记录单位和格式与分钟观测数据相同。

3.8.6 报警操作命令

1. 设置或读取大风报警阈值（GALE）

命令符：GALE

参数：大风报警阈值（单位为 1 m/s）

示例：若大风报警阈值为 17 m/s，则键入命令为：

GALE_17↙

返回值：<F>表示设置失败，<T>表示设置成功。

若采集器中的大风报警阈值为 20，直接键入命令：

GALE↙

正确返回值为<20>

2. 设置或读取高温报警阈值（TMAX）

命令符：TMAX

参数：高温报警阈值（单位为 1℃）

示例：若高温报警阈值为 35℃，则键入命令为：

       TMAX_35↙

返回值：<F>表示设置失败，<T>表示设置成功。

若采集器中的高温报警阈值为 40，直接键入命令：

       TMAX↙

正确返回值为<40>

3. 设置或读取低温报警阈值（TMIN）

命令符:TMIN

参数:低温报警阈值(单位为1℃)

示例:若大风报警阈值为－10℃,则键入命令为:

        TMIN_－10↙

返回值:<F>表示设置失败,<T>表示设置成功。

若采集器中的大风报警阈值为0,直接键入命令:

        TMIN↙

正确返回值为<0>

4. 设置或读取降水量报警阈值(RMAX)

命令符:RMAX

参数:累计降水量报警阈值(单位为1 mm)

示例:若累计降水量报警阈值为50 mm,则键入命令为:

        RMAX_50↙

返回值:<F>表示设置失败,<T>表示设置成功。

若采集器中的累计降水量报警阈值为100,直接键入命令:

        RMAX↙

正确返回值为<100>

5. 设置或读取采集器温度报警阈值(DTLT)

命令符:DTLT

参数:采集器主板温度报警阈值(单位为1℃)

示例:若采集器主板温度报警阈值为35℃,则键入命令为:

        DTLT_35↙

返回值:<F>表示设置失败,<T>表示设置成功。

若采集器中的采集器主板温度报警阈值为40,直接键入命令:

        DTLT↙

正确返回值为<40>

6. 设置或读取采集器蓄电池电压报警阈值(DTLV)

命令符:DTLV

参数:采集器蓄电池电压报警阈值(单位为1 V)

示例:若采集器蓄电池电压报警阈值为20 V,则键入命令为:

        DTLV_20↙

返回值:<F>表示设置失败,<T>表示设置成功。

若采集器蓄电池电压报警阈值为10 V,直接键入命令:

        DTLV↙

正确返回值为<10>

第4章 气象辐射观测系统

气象辐射观测系统是一个自动化的测量系统,作为地面气象自动化观测系统中的重要组成部分,完成各种辐射要素的数据采集、处理及数据质量控制。本章主要介绍气象辐射观测系统的组成结构、主要功能、数据质量控制、测量性能、传感器技术参数、数据文件格式等内容。

4.1 组成结构

气象辐射观测系统主要包括各种辐射传感器、全自动太阳跟踪器、遮光装置、辐射采集器、通信和电源等部分。图 4.1-1 为气象辐射观测系统图。

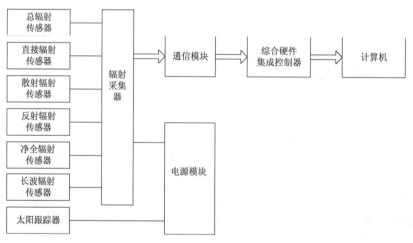

图 4.1-1 气象辐射观测系统图

4.1.1 辐射采集器

辐射采集器是气象辐射观测系统的核心,实现对各传感器观测数据采集、处理、存储、传输,监控气象辐射观测系统运行状态。

气象辐射观测系统的数据采集器采用存储卡实现大容量的本地采集数据存储。

4.1.2 辐射传感器

气象辐射观测系统配置的传感器,主要包括:总辐射传感器、散射辐射传感器、反射辐射传感器、直接辐射传感器、净全辐射传感器、长波辐射传感器。所有辐射传感器接入辐射采集器,再由辐射采集器经通信模块接入综合硬件集成控制器。

4.1.3　外围设备

1. 太阳跟踪器

气象辐射观测系统采用双轴自动太阳跟踪器,作为相关辐射传感器工作平台。

2. 遮光装置

遮光装置是为了避免直接辐射对散射辐射传感器和大气长波辐射传感器的影响。

3. 加热通风器

气象辐射观测系统的总辐射传感器、散射辐射传感器、大气长波辐射传感器应配置强制通风器,以提高测量精度。

4. 供电单元

气象辐射观测系统工作电压采用直流 12 V,该电压由交流 220 V 通过电源控制和转换模块对蓄电池充电转换而成。

5. 通信接口

辐射采集器配置 RS-232 接口,挂接通信模块,进行数据传输、现场测试或软件升级。

4.2　主要功能

4.2.1　数据采集

对各种辐射传感器按预定的采样频率进行扫描采集,得到辐射变量测量值。参见第 3 章 3.2.2。

4.2.2　数据处理

参见第 3 章 3.2.3。

4.2.3　数据存储

1. 采集器内部

采集器存储 1 小时的采样瞬时值、7 天的瞬时气象(分钟)值、1 个月的正点气象要素值,以及相应的导出量和统计量等。

采样瞬时值存储与相应要素的采样频率有关。

瞬时气象(分钟)值存储的要素有各种辐射观测要素辐照度、长波辐射表腔体温度。

正点数据存储的具体内容见表 4.2-1。

2. 外存储器

采集数据在外存储器(卡)以文件方式进行存储,能够存储至少 6 个月的辐射要素分钟数据,全部数据以 FAT 的文件方式存入,微机通过通用读卡器可方便读取。

表 4.2-1　气象辐射观测要素正点数据存储内容

序号	要素	时制	序号	要素	时制
1	总辐射辐照度		18	反射辐射最大辐照度	
2	总辐射曝辐量		19	反射辐射最大辐照度出现时间	
3	总辐射最大辐照度		20	大气长波辐射辐照度	
4	总辐射最大辐照度出现时间		21	大气长波辐射曝辐量	
5	直接辐射辐照度		22	大气长波辐射最小辐照度	
6	直接辐射曝辐量		23	大气长波辐射最小辐照度出现时间	
7	直接辐射最大辐照度		24	大气长波辐射最大辐照度	
8	直接辐射最大辐照度出现时间		25	大气长波辐射最大辐照度出现时间	
9	直接辐射最小辐照度	地方时	26	大气长波辐射传感器腔体温度	地方时
10	直接辐射最小辐照度出现时间		27	地面长波辐射辐照度	
11	水平面直接辐射曝辐量		28	地面长波辐射曝辐量	
12	散射辐射辐照度		29	地面长波辐射最小辐照度	
13	散射辐射曝辐量		30	地面长波辐射最小辐照度出现时间	
14	散射辐射最大辐照度		31	地面长波辐射最大辐照度	
15	散射辐射最大辐照度出现时间		32	地面长波辐射最大辐照度出现时间	
16	反射辐射辐照度		33	地面长波辐射传感器腔体温度	
17	反射辐射曝辐量				

4.2.4　数据传输

参见第 3 章 3.2.5。

4.2.5　嵌入式软件在线升级

在不更改任何硬件设备的前提下,可以通过本地终端对辐射采集器嵌入式软件进行在线升级。

4.3　数据质量控制

4.3.1　数据质量控制要求

参见第 3 章 3.3.1。

4.3.2　数据质量控制标识

参见第 3 章 3.3.2。

4.3.3　采样瞬时值的质量控制

参见第 3 章 3.3.3。其中"正确"的采样瞬时值的判断条件见表 4.3-1。

表 4.3-1　"正确"的采样瞬时值的判断条件

气象变量	传感器测量 范围下限	传感器测量 范围上限	允许最大变化值(适用于采样频率 5~10 次/min 以上)
辐射(辐照度)	依照传感器指标确定下限和上限		800 W/m²

4.3.4　采样瞬时值的质量控制

参见第 3 章 3.3.4。其中"正确"的瞬时值的判断条件见表 4.3-2。

表 4.3-2　"正确"的瞬时气象值的判断条件

气象变量	下限 (W/m²)	上限 (W/m²)	存疑的 变化速率 (W/m²)	错误的 变化速率 (W/m²)	[过去 60 min] 最小应该变化的速率
总辐射	0	2000	800	1000	—
大气长波辐射	0	1200	800	1000	—
地面长波辐射	0	1200	800	1000	—
直接辐射	0	1400	800	1000	—
散射辐射	0	1200	800	1000	—
反射辐射	0	1200	800	1000	—

4.4　测量性能

4.4.1　测量的气象要素

气象辐射观测系统观测内容包括:总辐射、直接辐射、净全辐射、反射辐射、散射辐射、大气长波辐射和地面长波辐射。其中,总辐射、直接辐射、反射辐射、散射辐射、大气长波辐射和地面长波辐射为直接观测内容,净全辐射可以直接观测或计算得到。

目前业务应用的气象辐射要素主要有:总辐射、直接辐射、净全辐射、反射辐射、散射辐射。

4.4.2　气象要素的量和单位

气象辐射观测系统气象要素的量和单位名称及其符号按表 4.4-1 确定。

表 4.4-1　气象要素的量和单位的名称及其符号

气象变量的名称	量的符号	测量单位的名称	单位的符号	说明
辐[射]照度	E	瓦特每平方米	W/m²	
辐照量,曝辐量 又称曝辐[射]照度	H	焦耳每平方米	J/m²	气象业务上的记录 单位是 MJ/m²。

4.4.3　性能要求

气象辐射观测系统气象要素观测性能要求见表 4.4-2。

表 4.4-2　气象辐射观测系统测量性能要求

测量要素	范围	分辨力	最大允许误差
总辐射	$0\sim1400$ W/m²	5 W/m²	±5%（日累计）
净辐射	$-200\sim1400$ W/m²	1 MJ/(m²·d)	±0.4 MJ/(m²·d)[≤8 MJ/(m²·d)]
			±5%[>8 MJ/(m²·d)]
直接辐射	$0\sim1400$ W/m²	1 W/m²	±1%（日累计）
散射辐射	$0\sim1400$ W/m²	5 W/m²	±5%（日累计）
反射辐射	$0\sim1400$ W/m²	5 W/m²	±5%（日累计）

4.4.4　采样频率与算法

各要素的采样频率及气象值的计算见表 4.4-3。

表 4.4-3　气象辐射观测系统测量要素采样频率

测量要素	采样频率	计算平均值	计算累计值	计算极值
辐射（辐照度）	30 次/min	每分钟算术平均	小时累计值（曝辐量）	小时内极值及出现时间

1. 分钟瞬时值算术平均计算公式

辐射辐照度每分钟算术平均值计算公式为

$$\overline{Y} = \frac{\sum\limits_{i=1}^{N} y_i}{m} \tag{4.1}$$

式中：$\overline{Y}$——观测时段内气象变量的平均值；

y_i——观测时段内第 i 个气象变量的采样瞬时值（样本），其中，"错误"、"可疑"等非"正确"的样本应丢弃而不用于计算，即令 $y_i = 0$；

N——观测时段内的样本总数，由"采样频率"和"平均值时间区间"决定；

m——观测时段内"正确"的样本数（$m \leqslant N$）。

2. 导出量计算公式

（1）1 min 曝辐量

每分钟的曝辐量等于该分钟的瞬时辐照度值乘以 60 s。

（2）1 h 曝辐量

由每分钟曝辐量累加计算得到每小时辐射曝辐量。

（3）小时内辐照度最大值

从 1 h 内 60 个 1 min 平均值的"正确"值中挑选最大值，并记录时间。

（4）净全辐射

净全辐射为太阳与大气向下发射的全辐射和地面向上发射的全辐射之差值，用符号 E^* 表示，其计算公式为：

$$E^* = E_g\downarrow + E_L\downarrow - E_r\uparrow - E_L\uparrow \tag{4.2}$$

其中：

$E_g\downarrow$ 为总辐射；

$E_L\downarrow$ 为大气长波辐射；

$E_r\uparrow$ 为反射辐射；

$E_L\uparrow$ 为地面长波辐射。

4.5　嵌入式软件流程

4.5.1　采集软件处理流程

采集软件按规定的采样频率对辐射传感器的输出信号进行采样,并对采样值进行数据质量控制;对通过数据质量控制的采样值按规定的算法进行加工处理,得到辐射要素瞬时值,并对瞬时值进行数据质量控制;对通过数据质量控制的瞬时值按规定的要求进行导出量计算、极值统计等处理;对所有观测数据进行编码形成数据文件保存,通过通信线路将观测数据提交到业务软件。

采集器软件的处理流程见图 4.5-1。

1. 初始化。采集器上电启动后,先检查参数配置文件是否存在,若不存在,则以各参数的默认值重新生成配置文件;若存在,则读取配置文件中的参数,然后对采集器进行初始化。

2. 辐射要素采样。按各要素规定的采样频率等待规定的采样时间到,对传感器进行采样,得到辐射要素采样值,然后进入采样值加工处理过程。

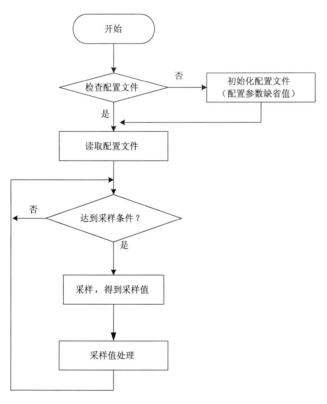

图 4.5-1　新型自动气象站数据采集流程

4.5.2 采样值加工处理流程

采集软件对采样值的加工处理流程见图 4.5-2。

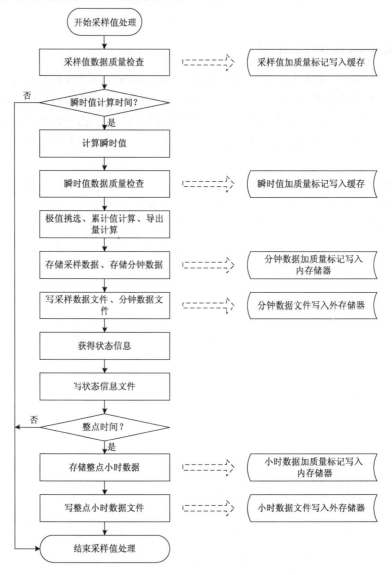

图 4.5-2 气象辐射观测系统采样值处理流程

1. 采样值数据质量控制。采集软件按数据质量控制程序对收到的辐射要素采样值进行数据质量控制,包括极限范围检查和变化速率检查,检查完成后将采样数据和质量控制标识存入缓存。

2. 瞬时值计算。等待到达辐射要素规定的瞬时值计算时间(1 min),对采样值按规定的算法进行计算得到辐射要素瞬时值(分钟平均值)。

3. 瞬时值数据质量控制。按数据质量控制程序对瞬时值进行质量检查,包括极限范围检查、变化速率检查,检查完成后将瞬时值和质量标识存入缓存。

4．导出量和统计值计算。根据辐射要素规定，进行相应的导出量计算以及累计值、极值等统计。

5．采样值和分钟数据存储。将辐射要素采样值和数据质量控制标识存入采集器内置存储器中；将辐射要素瞬时值、导出量及统计值编码成分钟数据记录，按规定的分钟数据文件格式存入采集器外部存储器中。

6．状态信息获取。采集辐射采集器主板温度、主板电压以及传感器状态等状态信息。

7．状态信息存储。将采集到的状态信息进行编码，按规定的状态信息文件格式存入采集器外部存储器中。

8．整点数据处理及存储。根据采集器时钟判断，若已经到达整点时间，则将辐射要素瞬时值、导出量及统计值编码成小时数据记录，按规定的小时数据文件格式存入采集器外部存储器中。

4.5.3　数据采集流程

气象辐射观测系统数据采集流程见图 4.5-3。

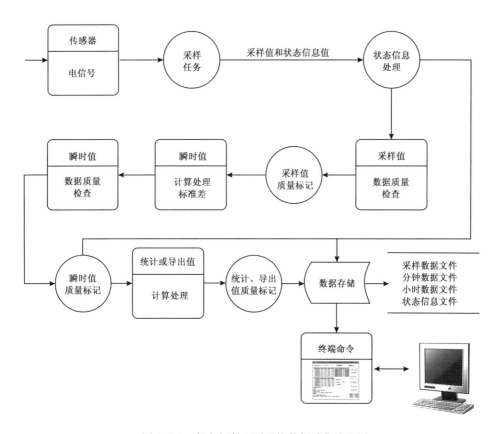

图 4.5-3　气象辐射观测系统数据采集流程图

4.6 传感器技术参数

4.6.1 总辐射传感器

1. 测量范围:波长 $0.3 \sim 3 \mu m$, $0 \sim 2000 W \cdot m^{-2}$;
2. 灵敏度:$7 \sim 14 \mu V \cdot W^{-1} \cdot m^2$;
3. 响应时间:$\leqslant 60 s$ (99%信号值);
4. 适应环境条件:温度$-50 \sim 50℃$;相对湿度$\leqslant 95\%$;
5. 引线结构:2 芯 RVVP 电缆;
6. 相同类型传感器具有互换性(允许用计算机一次性设置灵敏度参数)。

4.6.2 反射辐射传感器

要求同 4.6.1。

4.6.3 散射辐射传感器(配置遮光装置)

要求同 4.6.1。

4.6.4 净全辐射传感器

1. 测量范围:波长 $0.3 \sim 30 \mu m$, $-200 \sim 1400 W \cdot m^{-2}$;
2. 灵敏度:$7 \sim 14 \mu V \cdot W^{-1} \cdot m^2$;
3. 响应时间:$\leqslant 60 s$ (99%信号值);
4. 两面灵敏度误差:$\leqslant 15\%$;
5. 适应环境条件:温度$-50 \sim 50℃$;相对湿度$\leqslant 95\%$;
6. 相同类型传感器具有互换性(允许用计算机一次性设置灵敏度参数)。

4.6.5 直接辐射传感器

1. 测量范围:$0.3 \sim 4 \mu m$, $0 \sim 1400 W \cdot m^{-2}$;
2. 灵敏度:$7 \sim 14 \mu V \cdot W^{-1} \cdot m^2$;
3. 响应时间:$\leqslant 35 s$ (99%信号值);
4. 适应环境条件:温度$-45 \sim 45℃$;相对湿度$\leqslant 95\%$;
5. 引线结构:4 芯/2 芯 RVVP 电缆;
6. 相同类型传感器具有互换性(允许用计算机一次性设置灵敏度参数)。

4.6.6 长波辐射传感器

1. 测量范围:波长 $4.5 \sim 42 \mu m$, $0 \sim 2000 W \cdot m^{-2}$;
2. 灵敏度:$7 \sim 14 \mu V \cdot W^{-1} \cdot m^2$;
3. 响应时间:$\leqslant 30 s$ (95%信号值);

4. 适应环境条件:温度－40～50℃;相对湿度≤95%;

5. 相同类型传感器具有互换性(允许用计算机一次性设置灵敏度参数)。

4.7 数据文件格式

1. 文件名

RRYYMMDD.DAT,简称 RR 文件。其中:RR 为指示符,表示为气象辐射要素数据;YY 为年份的后两位,MM 为月份,DD 为日期,月份和日期不足两位时,前面补"0",DAT 为固定编码。

2. 文件形成

该文件每日一个,采用定长的随机文件记录方式写入,每一条记录 134 Byte,记录尾用回车换行结束,ASCII 字符写入,每个要素值高位不足补空格。

文件第一次生成时应进行初始化,初始化的过程是:首先检测气象辐射要素数据文件是否存在,如无该日气象辐射要素数据文件,则生成该文件,要素位置一律存相应长度的"－"字符(即减号)。

文件内容按地方时计时。

3. 文件内容

气象辐射要素数据文件的第 1 条记录为本站当日基本参数,内容及排列顺序见表 4.7-1。

表 4.7-1 气象辐射数据文件基本参数行格式

序号	参数	字长(Byte)	序号	参数	字长(Byte)
1	区站号	5	16	传感器保留标识位,存 0	5
2	年	5	17	自动站类型标识	1
3	月	5	18	总辐射传感器标识	1
4	日	5	19	净全辐射传感器标识	1
5	经度	8	20	直接辐射传感器标识	1
6	纬度	7	21	散射辐射传感器标识	1
7	观测场海拔高度	5	22	反射辐射传感器标识	1
8	总辐射传感器距地高度	5	23	传感器保留标识位,存 0	1
9	净全辐射传感器距地高度	5	24	大气长波辐射传感器标识	1
10	直接辐射传感器距地高度	5	25	地面长波辐射传感器标识	1
11	散射辐射传感器距地高度	5	26	传感器保留标识位,存 0	1
12	反射辐射传感器距地高度	5	27	传感器保留标识位,存 0	1
13	传感器保留标识位,存 0	5	28	版本号	5
14	大气长波辐射传感器距地高度	5	29	保留	33
15	地面长波辐射传感器距地高度	5	30	回车换行	2

注:经度和纬度按度分秒存放,最后 1 位为东、西经标识和南、北纬度标识,经度的度为 3 位,分和秒均为 2 位,高位不足补"0",东经标识"E",西经标识"W";纬度的度、分和秒均为 2 位,高位不足补"0",北纬标识为"N",南纬标识为"S";

观测场海拔高度、各传感器距地高度:保留 1 位小数,原值扩大 10 倍存入;

自动气象站类型标识:固定存入"5";

各传感器标识:有该项目存"1",无该项目存"0";对于净全辐射,若采取四分量仪器或计算求得,则存入"4";

版本号:以便版本升级和功能扩展,现为 V1.00。

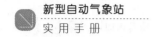

文件中每分钟为一条记录,每小时 60 条记录。记录号的计算方法:

$$N=60H+M+1$$

式中:N——记录号;

H——地方时,为 $1,2,\cdots\cdots,23,24$;

M——分钟。

文件中第 1 条后的每一条记录,存 26 个要素的分钟值,以 ASCII 字符写入,每个要素长度为 4 Byte,最后两位为回车换行符,内容和排列顺序见表 4.7-2。

表 4.7-2　气象辐射数据文件各要素位长及排列顺序

序号	要素名	字长 (Byte)	序号	要素名	字长 (Byte)
1	时、分(地方时)	4	16	保留位,存入 4 位"—"	4
2	总辐射辐照度	4	17	保留位,存入 4 位"—"	4
3	总辐射曝辐量	4	18	保留位,存入 4 位"—"	4
4	净全辐射辐照度	4	19	保留位,存入 4 位"—"	4
5	净全辐射曝辐量	4	20	保留位,存入 4 位"—"	4
6	直接辐射辐照度	4	21	保留位,存入 4 位"—"	4
7	直接辐射曝辐量	4	22	大气长波辐射辐照度	4
8	保留位,存入 4 位"—"	4	23	大气长波辐射曝辐量	4
9	散射辐射辐照度	4	24	地面长波辐射辐照度	4
10	散射辐射曝辐量	4	25	地面长波辐射曝辐量	4
11	反射辐射辐照度	4	26	保留位,存入 4 位"—"	4
12	反射辐射曝辐量	4	27	保留位,存入 4 位"—"	4
13	保留位,存入 4 位"—"	4	28	数据质量控制标志	26
14	保留位,存入 4 位"—"	4	29	回车换行	2
15	保留位,存入 4 位"—"	4			

注:时间中的"时分"各两位,高位不足补"0"。

曝辐量是从上次正点后到本分钟采样这一时段时间内的累计值。

若要素缺测,除有特殊规定外,则均应按约定的字长,每个字节位均存入一个"/"字符,若因无传感器或停用,则相应位置仍保持"—"字符。

所有要素位数不足的,在前面用空格填充。

数据记录单位规定:辐照度为 W/m^2,取整数。曝辐量为 MJ/m^2(取两位小数),原值扩大 100 倍后存入。

4.8　终端操作命令

终端操作命令是气象辐射观测系统与终端微机之间进行通信的命令,实现对设备各种参数的传递和设置,从设备读取或设置各种数据和参数,以及对设备进行校时。

4.8.1　格式一般说明

1. 各种终端命令由命令符和相应参数组成,命令符由若干英文字母组成,参数可以没有,

或由一个或多个组成,命令符与参数、参数与参数之间用1个半角逗号分隔;

2. 在计算机超级终端中,键入控制命令后,应键入回车/换行键,本格式中用"↙"表示;

3. 返回值的结束符均为回车/换行,本格式中返回值用"<>↙"给出;

4. 命令非法时,返回出错提示信息"BADCOMMAND↙";

5. 若无特殊说明,本部分中使用 YYYY-MM-DD,HH:MM:SS 表示日期、时间格式。

4.8.2 握手机制

1. 数据传输握手机制

数据传输握手机制同时具备主动发送和被动读取两种方式,默认为被动读取方式;被动读取的方法为:由上位机发送读取数据命令(READDATA),读取存储器中当前时刻最近的数据,如果最近时刻数据与当前时刻时间差超过一帧则返回错误信息;主动发送的方法为:由设备端按照帧标识类型主动向上位机发送数据。

无论采用哪种方式,数据必须遵循标准数据格式要求,即"BG,…,ED"格式。

2. 时间校正握手机制

上位机可通过定时发送 DATETIME 对设备修改日期和时间,也可分开发送日期(DATE)和时间(TIME)命令对设备分别进行修改日期、时间,数字传感器只需要支持 DATE-TIME 命令。

注:上位机通过网络授时服务器校时,业务软件采用上位机时间对设备授时;设备具有掉电时钟保护功能。

3. 设备响应命令时间

由上位机发送命令后,设备端应及时响应,并给予返回,响应时间应不长于3 s,超过3 s后无响应值,上位机认为是超时错误。

4.8.3 设备监控操作命令

1. 设置或读取设备的通信参数(SETCOM)

命令符:SETCOM

参数:波特率 数据位 奇偶校验 停止位

示例:若设备的波特率为9600 bps,数据位为8,奇偶校验为无,停止位为1,若对设备进行设置,键入命令为:

SETCOM,9600,8,N,1↙

返回值:<F>↙表示设置失败,<T>↙表示设置成功。

若为读取设备通信参数,直接键入命令:

SETCOM↙

正确返回值为<9600,8,N,1>↙

注:

(1)非特殊情况下不对设备波特率进行修改,波特率修改范围为(1200,2400,4800,9600,19200,38400,57600,115200)。

(2)波特率修改时应先返回数据再修改波特率。

(3)设备修改波特率后须保存波特率设置。

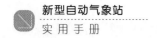

2. 设备自检(AUTOCHECK)

命令符:AUTOCHECK

返回的内容包括设备日期、时间,通信端口的通信参数,设备状态信息(厂家自行定义格式不定),终端软件只对其进行显示,不做处理。

返回值:<T/F,设备输出信息>↙

T 表示自检成功,F 表示自检失败。

3. 帮助命令(HELP)

命令符:HELP

返回值:返回终端命令清单,各命令之间用半角逗号分隔。

4. 设置或读取设备的区站号(QZ)

命令符:QZ

参数:设备区站号(6 位数字)

示例:若所属气象观测站的区站号为 57494,首位增加"8",记做 857494,则键入命令为:

QZ,857494 ↙

返回值:<F>↙表示设置失败,<T>↙表示设置成功。

若设备的区站号为 857494,直接键入命令:

QZ ↙

正确返回值为<857494>↙

5. 设置或读取设备的服务类型(ST)

命令符:ST

参数:服务类型(2 位数字)

示例:若设备用于基准站,则键入命令为:

ST,00 ↙

返回值:<F>↙表示设置失败,<T>↙表示设置成功。

若设备服务类型为 00,直接键入命令:

ST ↙

正确返回值为<00>↙

注:设备端需要对设备服务类型进行存储。

6. 读取设备标识位(DI)

命令符:DI

示例:读取自动气象站设备标识位,直接键入命令:

DI ↙

正确返回值为:<YROS>↙

7. 设置或读取设备 ID(ID)

命令符:ID

参数:3 位数字

示例:气象辐射观测系统设备 ID 为:000,对设备进行设置,键入命令为:

ID,000 ↙

返回值:<F>↙表示设置失败,<T>↙表示设置成功。

若为读取设备 ID 参数,直接键入命令:

ID↙

正确返回值为:<000>↙

8. 设置或读取气象观测站的纬度(LAT)

命令符:LAT

参数:DD.MM.SS(DD 为度,MM 为分,SS 为秒)

示例:若所属气象观测站的纬度为 $32°14'20''$,则键入命令为:

LAT,32.14.20↙

返回值:<F>表示设置失败,<T>表示设置成功。

若数据采集器中的纬度为 $42°06'00''$,直接键入命令:

LAT↙

正确返回值为<42.06.00>

9. 设置或读取气象观测站的经度(LONG)

命令符:LONG

参数:DDD.MM.SS(DDD 为度,MM 为分,SS 为秒)

示例:若所属气象观测站的经度为 $116°34'18''$,则键入命令为:

LONG,116.34.18↙

返回值:<F>表示设置失败,<T>表示设置成功。

若数据采集器中的经度为 $108°32'03''$,直接键入命令:

LONG↙

正确返回值为<108.32.03>

10. 设置或读取设备日期(DATE)

命令符:DATE

参数:YYYY-MM-DD(YYYY 为年,MM 为月,DD 为日)

示例:若对设备设置的日期为 2012 年 7 月 21 日,键入命令为:

DATE,2012-07-21↙

返回值:<F>↙表示设置失败,<T>↙表示设置成功。

若设备的日期为 2012 年 7 月 21 日,读取设备日期,直接键入命令:

DATE↙

正确返回值为:<2012-07-21>↙

11. 设置或读取设备时间(TIME)

命令符:TIME

参数:HH:MM:SS(HH 为时,MM 为分,SS 为秒)

示例:若对设备设置的时间为 12 时 34 分 00 秒,键入命令为:

TIME,12:34:00↙

返回值:<F>↙表示设置失败,<T>↙表示设置成功。

若设备的时间为 12 时 35 分 00 秒,读取设备时间,直接键入命令:

TIME↙

正确返回值为:<12:35:00>↙

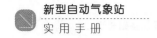

12. 设置或读取设备日期与时间(DATETIME)

命令符:DATETIME

参数:YYYY-MM-DD,HH:MM:SS(YYYY 为年,MM 为月,DD 为日,HH 为时,MM 为分,SS 为秒)

示例:若对设备设置的日期为 2013 年 5 月 27 日 12 时 34 分 00 秒,键入命令为:

DATETIME,2013-05-27,12:34:00↙

返回值:<F>↙表示设置失败,<T>↙表示设置成功。

若设备的日期为 2013 年 5 月 27 日,12 时 35 分 00 秒,读取设备日期时间,直接键入命令:

DATETIME↙

正确返回值为:<2012-07-21,12:35:00>↙

13. 读取设备的帧标示(FI)

命令符:FI

示例:若设备帧标示为 00,直接键入命令:

FI↙

正确返回值为:<00>↙

14. 历史数据下载(DOWN)

命令符:DOWN

参数为:开始时间,结束时间,下载指定时间范围内的观测记录数据;

开始时间、结束时间格式:YYYY-MM-DD,HH:MM:SS

示例:若获取设备中 2012 年 7 月 21 日 20 时 00 分 00 秒至 2012 年 7 月 24 日 20 时 00 分 00 秒的数据,键入命令为:

DOWN,2012-07-21,20:00:00,2012-07-24,20:00:00↙

返回值:<F>↙表示读取失败,正确返回:历史数据,每条数据末尾附回车换行。

缺测数据格式为:

BG,QZ(区站号),ST(服务类型),DI(设备标识),ID(设备 ID),DATETIME(日期与时间),FI(帧标识),/////,校验,ED↙

15. 读取实时数据(READDATA)

注:从存储器中读取最近的一组数据。在主动方式中不响应该命令。

命令符:READDATA

示例:若获取设备中 2012 年 7 月 21 日 20 时 00 分 00 秒的数据,键入命令为:

READDATA↙

返回值:<F>↙表示读取失败,正确返回:当前数据。

返回的数据帧包含起始标识(BG)、数据包头、数据主体、校验码、结束标识(ED)四段,各段之间、段内各数据项之间均以半角逗号分隔,格式见表 4.8-1:

表 4.8-1　数据帧的内容及格式

起始标识							
BG							

数据包头							
区站号	服务类型	设备标识位	设备 ID	观测时间	帧标识	观测要素变量数	设备状态变量数
6 位数字	00:基准站 01:基本站 02:一般站	YROS	000	14 位数字	01:分钟实时数据帧 02:整点定时数据帧	2 位数字	2 位数字

数据主体							
观测数据和质量控制					状态信息		
观测要素变量名 1	观测要素变量值 1	…	观测要素变量名 m	观测要素变量值 m	质量控制位	状态变量名 1	状态变量值 1	…	状态变量名 n	状态变量值 n

校验码
4 位数字

结束标识
ED

观测要素变量名及取值规定见表 4.8-2,实际应用中未配置或不支持的变量不输出:

表 4.8-2　观测要素变量名及取值规定

变量名编码	观测要素名称	单位	变量值	字节长度
AJA	总辐射辐照度	W/m²	原值	4
AJAa	总辐射辐照度分钟最大值	W/m²	原值	4
AJAc	总辐射辐照度分钟最小值	W/m²	原值	4
AJAe	总辐射辐照度小时极大值	W/m²	原值	4
AJAf	总辐射辐照度小时极大值时间	时分	hhmm	4
AJAA	总辐射曝辐量	MJ/m²	扩大 100 倍	4
AJAB	总辐射辐照度分钟标准差	W/m²	扩大 10 倍	8
AJB	反射辐射辐照度	W/m²	原值	4
AJBa	反射辐射辐照度分钟最大值	W/m²	原值	4
AJBc	反射辐射辐照度分钟最小值	W/m²	原值	4
AJBe	反射辐射辐照度小时极大值	W/m²	原值	4
AJBf	反射辐射辐照度小时极大值时间	时分	hhmm	4
AJBA	反射辐射曝辐量	MJ/m²	扩大 100 倍	4
AJBB	反射辐射辐照度分钟标准差	W/m²	扩大 10 倍	8
AJC	直接辐射辐照度	W/m²	原值	4
AJCa	直接辐射分钟最大值	W/m²	原值	4
AJCc	直接辐射分钟最小值	W/m²	原值	4
AJCe	直接辐射小时极大值	W/m²	原值	4

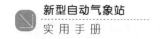
续表

变量名编码	观测要素名称	单位	变量值	字节长度
AJCf	直接辐射小时极大值时间	时分	hhmm	4
AJCA	直接辐射曝辐量	MJ/m²	扩大100倍	4
AJCB	直接辐射分钟标准差	W/m²	扩大10倍	8
AJCD	水平直接辐射曝辐量	MJ/m²	扩大100倍	4
AJD	散射辐射辐照度	W/m²	原值	4
AJDa	散射辐射分钟最大值	W/m²	原值	4
AJDc	散射辐射分钟最小值	W/m²	原值	4
AJDe	散射辐射小时极大值	W/m²	原值	4
AJDf	散射辐射小时极大值时间	时分	hhmm	4
AJDA	散射辐射曝辐量	MJ/m²	扩大100倍	4
AJDB	散射辐射分钟标准差	W/m²	扩大10倍	8
AJE	净全辐射辐照度	W/m²	原值	4
AJEe	净全辐射小时极大值	W/m²	原值	4
AJEf	净全辐射小时极大值时间	时分	hhmm	4
AJEg	净全辐射小时极小值	W/m²	原值	4
AJEh	净全辐射小时极小值时间	时分	原值	4
AJEA	净全辐射曝辐量	MJ/m²	扩大100倍	4
AJJ	大气长波辐射辐照度	W/m²	原值	4
AJJa	大气长波辐射分钟最大值	W/m²	原值	4
AJJc	大气长波辐射分钟最小值	W/m²	原值	4
AJJe	大气长波辐射小时极大辐照度	W/m²	原值	4
AJJf	大气长波辐射小时极大辐照度时间	时分	hhmm	4
AJJg	大气长波辐射小时极小辐照度	W/m²	原值	4
AJJh	大气长波辐射小时极小辐照度时间	时分	hhmm	4
AJJA	大气长波辐射曝辐量	MJ/m²	扩大100倍	4
AJJB	大气长波辐射分钟标准差	W/m²	扩大10倍	8
AJK	地面长波辐射辐照度	W/m²	原值	4
AJKa	地面长波辐射分钟最大值	W/m²	原值	4
AJKc	地面长波辐射分钟最小值	W/m²	原值	4
AJKe	地面长波辐射小时极大辐照度	W/m²	原值	4
AJKf	地面长波辐射小时极大辐照度时间	时分	hhmm	4
AJKg	地面长波辐射小时极小辐照度	W/m²	原值	4
AJKh	地面长波辐射小时极小辐照度时间	时分	hhmm	4
AJKA	地面长波辐射曝辐量	MJ/m²	扩大100倍	4
AJKB	地面长波辐射分钟标准差	W/m²	扩大10倍	8
AJL	大气长波辐射传感器腔体温度	℃	扩大10倍	4

续表

变量名编码	观测要素名称	单位	变量值	字节长度
AJLa	大气长波辐射传感器腔体最高温度	℃	扩大 10 倍	4
AJLb	大气长波辐射传感器腔体最高温度时间	时分	hhmm	4
AJLc	大气长波辐射传感器腔体最低温度	℃	扩大 10 倍	4
AJLd	大气长波辐射传感器腔体最低温度时间	时分	hhmm	4
AJM	地面长波辐射传感器腔体温度	℃	扩大 10 倍	4
AJMa	地面长波辐射传感器腔体最高温度	℃	扩大 10 倍	4
AJMb	地面长波辐射传感器腔体最高温度时间	时分	hhmm	4
AJMc	地面长波辐射传感器腔体最低温度	℃	扩大 10 倍	4
AJMd	地面长波辐射传感器腔体最低温度时间	时分	hhmm	4
AJT	地方时	年月日时分	yyyymmddhhmm	12

数据质量控制码规定见表 4.8-3：

表 4.8-3　数据质量控制码规定

标识代码值	描述
9	"没有检查"：该变量没有经过任何质量控制检查。
0	"正确"：数据没有超过给定界限。
1	"存疑"：不可信的。
2	"错误"：错误数据，已超过给定界限。
3	"不一致"：一个或多个参数不一致；不同要素的关系不满足规定的标准。
4	"校验过的"：原始数据标记为存疑、错误或不一致，后来利用其他检查程序确认为正确的。
8	"缺失"：缺失数据。

注：对于瞬时气象值，若属采集器或通信原因引起数据缺测，在终端命令数据输出时直接给出缺失，相应质量控制标识为"8"；若有数据，质量控制判断为错误时，在终端命令数据输出时，其值仍给出，相应质量控制标识为"2"，但错误的数据不能参加后续相关计算或统计。

状态变量名及取值规定见表 4.8-4：

表 4.8-4　状态变量名及取值规定

变量名编码	设备状态要素名称	字节长度	取值范围
z	设备自检状态	1	0 或 1
k_AJA	总辐射传感器的工作状态	1	0、1 或 2
k_AJB	反射辐射传感器的工作状态	1	0、1 或 2
k_AJC	直接辐射传感器的工作状态	1	0、1 或 2
k_AJD	散射辐射传感器的工作状态	1	0、1 或 2
k_AJE	净全辐射传感器的工作状态	1	0、1 或 2
k_AJJ	大气长波辐射传感器的工作状态	1	0、1 或 2
k_AJK	地面长波辐射传感器的工作状态	1	0、1 或 2
1A	外接电源	1	0、1 或 2

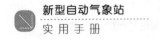

变量名编码	设备状态要素名称	字节长度	取值范围
lB	主采主板电压状态	1	0、3 或 4
lD	蓄电池电压状态	1	0、3、4 或 7
lE	AC—DC 电压状态	1	0、3、4 或 7
mA	主采主板温度状态	1	0、3 或 4
mC_AJJ	大气长波辐射传感器腔体温度状态	1	0 或 1
mC_AJK	地面长波辐射传感器腔体温度状态	1	0 或 1
qA	设备(主采)到串口服务器或 PC 终端连接的通信状态	1	0、1 或 2
sH	跟踪器状态	1	0、1 或 2
sI	采集器运行状态	1	0、1 或 2
sJ	AD 状态	1	0、1 或 2
sL	门状态	1	0、1 或 2

说明：

（1）设备在完成各个状态要素检测后，进行状态判断，当所有状态都为正常时，设备自检正常，对应状态值为 0。

（2）设备在完成各个状态要素检测后，进行状态判断，当有一个或多个状态处于非正常状态时，设备自检异常正常，对应状态值为 1。

设备状态取值规定见表 4.8-5：

表 4.8-5 设备状态取值规定

状态码	状态描述
0	"正常"，设备状态节点检测且判断正常
1	"异常"，设备状态节点能工作，但检测值判断超出正常范围
2	"故障"，设备状态节点处于故障状态
3	"偏高"，设备状态节点检测值超出正常范围
4	"偏低"，设备状态节点检测值低于正常范围
5	"超上限"
6	"超下限"
7	"停止"

数据帧示例如下：

BG,000000,00,YROS,000,20151201140900,01,89,22,AJA,0200,AJAA,0011,AJAe,
0200,AJAf,1401,AJAa,0200,AJAc,0200,AJAB,00000000,AJB,0200,AJBA,0011,AJBe,
0200,AJBf,1401,AJBa,0200,AJBc,0200,AJBB,00000000,AJC,0301,AJCA,0016,AJCe,
0301,AJCf,1401,AJCa,0301,AJCc,0301,AJCB,0000,AJCD,0007,AJD,0492,AJDA,0027,
AJDe,0492,AJDf,1401,AJDa,0492,AJDc,0492,AJDB,0000,AJE,−010,AJEA,−001,
AJEe,−010,AJEf,1401,AJEg,−010,AJEh,1401,AJF,0035,AJFA,0201,AJFe,0036,
AJFf,1401,AJG,0030,AJGA,0150,AJGe,0031,AJGf,1401,AJGa,0012,AJGc,0012,

AJGB,00000000,AJH,0005,AJHA,0015,AJHe,0005,AJHf,1401,AJHa,0010,AJHc,0010,AJHB,000000,AJI,0200,AJIA,0011,AJIe,0200,AJIf,1401,AJIa,0200,AJIc,0200,AJIB,00000000,AJJ,0524,AJJA,0028,AJJe,0524,AJJf,1408,AJJg,0521,AJJh,1401,AJJa,0524,AJJc,0524,AJJB,00000000,AJK,0534,AJKA,0029,AJKe,0534,AJKf,1408,AJKg,0531,AJKh,1401,AJKa,0534,AJKc,0534,AJKB,00000000,AJL,0175,AJLa,0175,AJLb,1401,AJLc,0025,AJLd,0205,AJM,0175,AJMa,0175,AJMb,1401,AJMc,0025,AJMd,0205,AJT,201512011409,00000000000000000000000000 0000000000000000000000000000000 0000000000000000000000000000000000,z,0,lA,1,lB,0,lD,0,lE,0,mA,0,qA,0,sI,0,sH,0,sJ,0,sL,0,k_AJA,0,k_AJB,0,k_AJC,0,k_AJD,0,k_AJG,0,k_AJH,0,k_AJI,0,k_AJJ,0,k_AJK,0,mC_AJJ,0,mC_AJK,0,8864,ED

16. 设置握手机制方式(SETCOMWAY)

注:设置数据传输握手机制方式。

命令符:SETCOMWAY

参数为:1 为主动发送方式,0 为被动读取方式,

示例:设备默认为被动读取方式,如果需要采用主动发送方式可以由上位机发送命令"SETCOMWAY,1",返回<T>↙表示设置成功,则上位机实时接收设备主动发送的数据即可,如需要采用被动读取方式,则上位机发送命令"SETCOMWAY,0",返回<T>↙表示设置成功,第一次连接设备时默认为被动读取方式,上位机不用发送"SETCOMWAY,0"命令。

键入命令为:

SETCOMWAY,1↙

返回值:<F>↙表示设置主动发送失败,返回<T>↙表示设置主动发送成功。

键入命令为:

SETCOMWAY,0↙

返回值:<F>↙表示设置被动读取失败,返回<T>↙表示设置被动读取成功。

第二篇

地面气象观测系统
实用技术

第5章　传感器

传感器是自动气象站的重要组成部分。本章介绍地面气象自动化观测系统现在用的气象要素传感器,用于观测气温、湿度、气压、风向、风速、降水量、地温、蒸发、能见度、雪深等气象要素,内容包括:各传感器的工作原理、技术参数、安装要求、检测与维修、日常维护等。

5.1　气温传感器

气温是表示空气冷热程度的物理量,表征了大气的热力状况。常用的气温单位是摄氏度,符号为℃。常用的测量气温的仪器主要有金属电阻式传感器,热电偶式传感器,热敏电阻式温度传感器等。目前自动气象站中测量气温主要使用的是铂电阻温度传感器。

5.1.1　工作原理

铂电阻温度传感器利用金属铂在温度变化时自身电阻也随之改变的特性来测量温度,其准确度和稳定性依赖于铂电阻元件的特性。通常使用的铂电阻温度传感器采用 Pt100 电阻,0℃时的电阻值为 100 Ω,电阻变化率约为 0.385 Ω/℃。

气温传感器一般由精密级铂电阻元件和经特殊工艺处理的防护套组成,并用四芯屏蔽信号线从敏感元件引出用于测量,采用四线制测温原理,以减少导线电阻引起的测量误差。

带标准电阻的四线制电阻测温原理见图 5.1-1。

假定传感器的四根导线电阻为 r,在 2、3 端接入标准电阻 R_0,和待测电阻 R_t 串联构成回路。由恒流源提供电流 I_0,由于导线的压降很小,所以 $I_0 = V_1/R_t = V_2/R_0$,即得出 $R_t = R_0 \times V_1/V_2$。

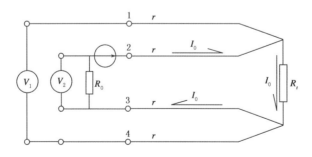

图 5.1-1　四线制电阻测温原理

铂电阻计算公式:　　　　　　　　$R_t = R_0(1 + A \times T + B \times T^2)$

式中 A、B 为常数,T 为温度(℃),R_0 为标准电阻值 100 Ω。

5.1.2 技术参数

自动气象站常用的气温传感器技术参数见表5.1-1,外形结构见图5.1-2。

表 5.1-1　气温传感器技术参数表

型号		PT100 型	WZP1 型	WUSH－TW100 型	HYA－T 型	WZP2 型
生产厂家		广东省气象计算机应用开发研究所	中环天仪(天津)气象仪器有限公司	江苏省无线电科学研究所有限公司	华云升达(北京)气象科技有限责任公司	中环天仪(天津)气象仪器有限公司
应用的自动站型号		DZZ1-2	DZZ3	DZZ4	DZZ5	DZZ6
测量性能	测量范围	－50～60 ℃	－50～50 ℃	－50～60 ℃	－50～80 ℃	－50～60 ℃
	分辨力	0.1 ℃	0.1 ℃	0.01 ℃	0.01 ℃	0.05 ℃
	最大允许误差	±0.2 ℃	±0.2 ℃	±0.1 ℃	±0.1 ℃	±0.1 ℃
	输出信号	四线制	四线制	四线制	四线制	四线制
	时间常数*	≤20 s	≤20 s	≤20 s	≤20 s	≤20 s
环境适应性	工作温度范围	－50～60 ℃	－50～60 ℃	－50～60 ℃	－50～80 ℃	－50～60 ℃
物理参数	尺寸	长 80 mm 直径 6 mm	长 150 mm 直径 6 mm	长 60 mm 直径 6 mm	长 130 mm 直径 5 mm	长 132 mm 直径 5 mm
	重量	28 g (17 cm 线)	110 g (3 m 线)	200 g (3 m 线)	220 g (3 m 线)	110 g (3 m 线)

* 通风速度为 2.5 m/s。

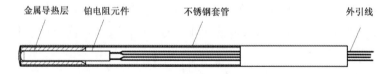

金属导热层　铂电阻元件　　不锈钢套管　　　　　　外引线

图 5.1-2　气温传感器外形结构图

5.1.3 安装要求

1. 气温传感器安装在百叶箱内的专用支架上,专用支架固定于百叶箱箱底中部。

2. 气温传感器感应部分向下垂直,固定在支架的相应位置,感应部分中心距地高度1.5±0.05 m。

温(湿)度传感器在百叶箱内安装位置示意见图5.1-3。

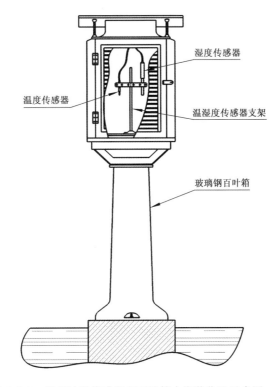

图 5.1-3　温（湿）度传感器在百叶箱内安装位置示意图

5.1.4　检测与维修

气温传感器的常见故障为数据异常或缺测，首先检查业务软件和采集器的相关参数设置是否正确，再逐一排查线缆、传感器、采集器等方面的故障。

1. 参数检查

(1)确认业务软件参数设置是否正确。

(2)确认主采集器中是否启用了温湿度分采。

输入 DAUSET_TARH ✓

若返回值为 1，表示开启；

若返回值为 0，表示关闭，输入 DAUSET_TARH_1 ✓，将其启用。（TARH 为温湿度分采集器标识符）

(3)确认主采集器中是否启用了气温传感器。

输入 SENST_T0 ✓

若返回值为 1，表示开启；

若返回值为 0，表示关闭，输入 SENST_T0_1 ✓，将其启用。（T0 为气温传感器标识符）

2. 线缆检查

(1)检查各线缆插头是否牢固，有无脱落或松动。

(2)依次测量气温传感器→温（湿）度分采→主采集器的线路，排除断接、短接、错接、破损等故障。

3. 传感器检查

铂电阻温度传感器采用四线制标准测量方式。

温度计算公式：
$$T=(R_t-100)/0.385$$

式中：T 为温度（℃），R_t 为铂电阻测量值。

气温传感器的接线示意图如图 5.1-4 所示。1 与 2（或 3 与 4）称之为同端电阻，1（或 2）与 3（或 4）称之为异端电阻。同端电阻两两相通，电阻值在 $1\sim8$ Ω 之间，异端电阻两两不通，电阻值在 $80\sim120$ Ω 之间。分别测得同端电阻 R_1 和异端电阻 R_2，算出 $R_t=R_2-R_1$，就可根据温度计算公式计算出当前温度 T。

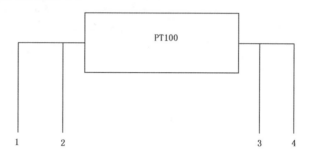

图 5.1-4　铂电阻温度传感器接线示意图

（1）检测维修时，注意断电测量。

（2）用万用表电阻挡测量气温传感器的同端电阻和异端电阻，用温度计算公式计算出气温值。

（3）如果计算出的气温值与当前实际气温值差值较大，说明传感器故障。如果在误差允许范围内，表示传感器正常。

4. 温湿度分采集器检查

若参数设置、线缆、传感器均正常，应重点检查主采集器的 CAN 总线和温湿度分采是否正常。

5.1.5　日常维护

1. 安装温（湿）度传感器的百叶箱不能用水洗，只能用湿布擦拭或毛刷刷拭。

2. 维护时，注意避开正点数据采集；百叶箱内的气温传感器不得移出箱外；百叶箱门打开时间不宜过长、身体部位尽量远离感应部分以免影响观测数据的准确性。

3. 百叶箱内不得存放多余的物品。

4. 每月检查百叶箱顶、箱内和壁缝中有无沙尘等影响观测的杂物，用湿布或毛刷小心地清理干净。

5. 冬季巡视时，要用毛刷把百叶箱顶、箱内和壁缝中的雪和雾凇小心地清理干净。

6. 定期检查传感器感应部分中部是否在离地面 1.5±0.05 m 处。

7. 定期检查传感器和线缆连接处是否松动。

8. 切勿强烈碰撞感应部位，以免内部铂电阻被打碎而造成永久性损坏。

9. 按业务要求定期进行校准。

5.2　空气湿度传感器

　　空气湿度是表示空气中水汽含量和潮湿程度的物理量,常用绝对湿度、相对湿度、露点温度、霜点温度、饱和水汽压和体积比等来表示。在地面气象观测中,空气湿度是专指相对湿度,是一个无量纲的量,常表示为％RH。常用的测量空气湿度的仪器主要有湿敏电容湿度传感器、铂电阻电通风干湿表等。目前自动气象站中主要使用的是湿敏电容湿度传感器。

5.2.1　工作原理

　　湿敏电容湿度传感器的感应元件为湿敏电容,一般是用高分子薄膜电容制成,其结构如图5.2-1 所示。

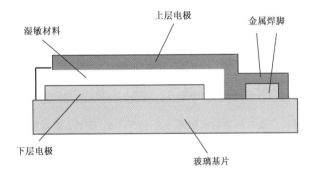

图 5.2-1　湿敏电容结构示意图

　　当环境湿度变化时,吸湿膜吸收或释放空气中的水汽,电容两极板间的介电常数发生变化,电容量随之改变,经过校准即可建立测量元件电容量与空气湿度的函数关系。

　　湿敏电容的主要优点是灵敏度高、滞后性小、响应速度快,且易于制造,具有较强的产品互换性。

5.2.2　技术参数

　　自动气象站常用的湿度传感器技术参数见表 5.2-1,外形结构见图 5.2-2～图 5.2-5。

表 5.2-1　湿度传感器技术参数

型号		DHC1 型	DHC2 型	DHC3 型	HYHMP155A 型
生产厂家		中环天仪(天津)气象仪器有限公司(引进瑞士罗卓尼克公司产品)	江苏省无线电科学研究所有限公司(引进芬兰维萨拉公司产品)	上海长望气象科技股份有限公司(引进奥地利益加益公司产品)	华云升达(北京)气象科技有限责任公司(引进芬兰维萨拉公司产品)
应用的自动站型号		DZZ6	DZZ4	DZZ3	DZZ1-2、DZZ5
测量性能	测量范围	0～100%RH	0～100%RH	0～100%RH	0～100%RH
	分辨力	1%RH	1%RH	1%RH	1%RH

续表

型号		DHC1 型	DHC2 型	DHC3 型	HYHMP155A 型
测量性能	最大允许误差	±3%RH (≤90%RH) ±5%RH (>90%RH)	±3%RH (≤90%RH) ±5%RH (>90%RH)	±3%RH (≤90%RH) ±5%RH (>90%RH)	±2%RH (≤90%RH) ±3%RH (>90%RH)
	时间常数	20 s	20 s	≤40 s	15 s
电气性能	输出信号	DC 0~1 V	DC 0~1 V	DC 0~1 V	DC 0~1 V
	额定电压	DC 12 V	DC 12 V	DC 12 V	DC 12 V
	功耗	100 mW	36 mW	60 mW	48 mW
环境适应性	工作温度范围	−40~60℃	−40~60℃	−40~60℃	−40~60℃
物理参数	尺寸	299 mm×25 mm	279 mm×40 mm	220 mm×20 mm	279 mm×40 mm
	重量	300 g	350 g	290 g	350 g

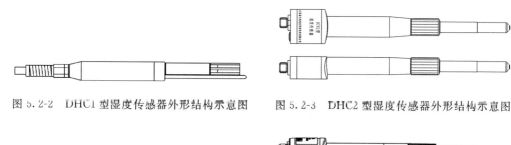

图 5.2-2　DHC1 型湿度传感器外形结构示意图　　图 5.2-3　DHC2 型湿度传感器外形结构示意图

图 5.2-4　DHC3 型湿度传感器外形结构示意图　　图 5.2-5　HYHMP155A 型湿度传感器外形结构示意图

5.2.3　安装要求

1. 湿度传感器安装在百叶箱内的专用支架上,专用支架固定于百叶箱箱底中部。

2. 湿度传感器感应部分向下垂直,固定在支架的相应位置,感应部分中心距地高度 1.5±0.05m。

3. 湿度传感器启用前取下感应部分保护套。

5.2.4　检测与维修

湿度传感器的常见故障为数据异常或缺测,首先检查业务软件和采集器的相关参数设置是否正确,再逐一排查线缆、传感器、采集器等方面的故障。

1. 参数检查

(1)确认业务软件参数设置是否正确。

(2)确认主采集器中是否启用了温湿度分采。

输入 DAUSET_TARH↙

若返回值为 1,表示开启;

若返回值为 0,表示关闭,输入 DAUSET_TARH_1↙,将其启用(TARH 为温湿度分采集器标识符)。

(3)确认主采集器中是否启用了湿度传感器。

输入 SENST_U↙

若返回值为 1,表示开启;

若返回值为 0,表示关闭,输入 SENST_U_1↙,将其启用。(U 为湿度传感器标识符)

2. 供电检查

用万用表直流电压挡(DC 20 V)测量传感器供电电压,应在 12 V 左右。如不正常,则分段检查温湿度分采至主采集器的供电。

3. 线缆检查

(1)检查各线缆插头是否牢固,有无脱落或松动。

(2)依次测量湿度传感器→温湿度分采→主采集器的线路,排除断接、短接、错接、破损等故障。

4. 传感器检查

湿度传感器主要由湿敏电容和转换电路两部分组成。湿敏电容电容量经外围电路转换后输出电压信号。电压与湿度成线性正比关系。当相对湿度为 0% 时,传感器输出电压为 0 V;当相对湿度为 100% 时,传感器输出电压为 1 V。其计算公式如下:

$$RH = U \times 100\%$$

其中:RH 为相对湿度(%),U 为传感器输出电压(V)。

湿度传感器的接线原理见图 5.2-6 所示。

测量"信号+"与"信号-"之间的电压值,经湿度计算公式计算得出当前的相对湿度值。如果计算得出的湿度值和实际值基本一致,说明传感器正常。若相差较大,说明传感器故障,需要更换。

湿度传感器通过航空插头连接温湿度分采集器。检测时需拆开温湿度分采的防水盒盖,检测完毕后,装回盒盖,拧紧螺钉并确认密闭。

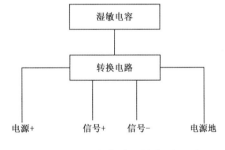

图 5.2-6　湿度传感器接线原理图

5. 温湿度分采检查

若参数、供电、线缆、传感器均正常,应检查主采集器的 CAN 通道和温湿度分采是否正常。

5.2.5　日常维护

同气温传感器的日常维护部分,参见 5.1.5。

5.3　气压传感器

气压是作用在单位面积上的大气压力,即等于空气静止时单位面积上方整个垂直空气柱

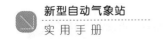

的重量。气压国际制单位为帕斯卡,简称帕,符号是 Pa。在地面气象观测中,气压目前使用的单位是百帕,用符号"hPa"表示。测量气压的仪器有硅电容式数字气压传感器、振弦式气压传感器、振筒式气压传感器。目前自动气象站中使用的是硅电容式数字气压传感器。

5.3.1　工作原理

　　硅电容式数字气压传感器的感应元件是电容式硅膜盒,其结构原理见图 5.3-1。当外界气压发生变化时,单晶硅膜盒的弹性膜片发生形变,进而引起硅膜盒平行电容器电容量的改变,通过测量电容量来计算本站气压。当气压增大时,单晶硅膜盒的弹性膜片向下弯

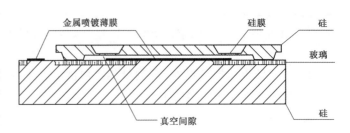

图 5.3-1　硅电容式数字气压传感器原理图

曲,电容增大;当气压减小时,单晶硅膜盒的弹性膜片向上弯曲,电容减小。

　　压力测量电路是由电阻器、电容器和 RC 振荡电路模块组成的 RC 振荡器构成。为进一步提高测量性能,有些气压传感器还提供温度补偿功能。

5.3.2　技术参数

　　自动气象站常用的气压传感器技术参数见表 5.3-1,外形结构见图 5.3-2～图 5.3-4。

表 5.3-1　气压传感器技术参数表

型号		PTB330	PTB210	DYC1	HYPTB210
生产厂家		芬兰维萨拉公司	芬兰维萨拉公司	江苏省无线电科学研究所有限公司(引进芬兰维萨拉公司产品)	华云升达(北京)气象科技有限责任公司(引进芬兰维萨拉公司产品)
应用的自动站型号		DZZ1-2、DZZ6	DZZ3	DZZ4	DZZ5
测量性能	测量范围	500～1100 hPa	500～1100 hPa	500～1100 hPa	500～1100 hPa
	分辨力	0.01 hPa	0.01 hPa	0.01 hPa	0.01 hPa
	最大允许误差	±0.25 hPa	±0.25 hPa	±0.25 hPa	±0.25 hPa
	时间常数	300 ms	300 ms	300 ms	300 ms
电气性能	输出信号	RS-232C	RS-232C	RS-232C	RS-232C
	额定电压	DC 12 V	DC 12 V	DC 12 V	DC 12 V
	功耗	360 mW	180 mW	360 mW	180 mW
环境适应性	工作温度范围	−40～60℃	−40～60℃	−40～60℃	−40～60℃
物理参数	外形尺寸	145 mm×120 mm×76 mm	139 mm×60 mm×32 mm	143 mm×118 mm×75 mm	139 mm×60 mm×32 mm
	重量	1000 g	138 g	1000 g	138 g

5.3.3　安装要求

　　气压传感器安装于主采集机箱内,通过 RS-232 串口与主采集器连接,在安装和使用过程中应注意避免阻塞静压管。

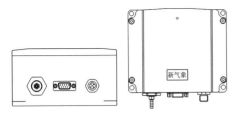

图 5.3-2　DYC1 型气压传感器外形结构示意图

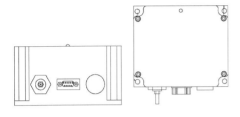

图 5.3-3　PTB330 型气压传感器外形结构示意图

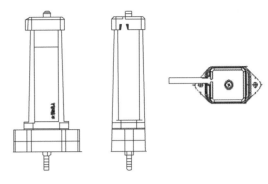

图 5.3-4　PTB210、HYPTB210 型气压传感器
外形结构示意图

5.3.4　检测与维修

气压传感器的常见故障为数据异常或缺测,首先检查业务软件和采集器的相关参数设置是否正确,再逐一排查线缆、传感器、采集器等方面的故障。

1. 参数检查

(1)确认业务软件参数设置是否正确;

(2)确认主采集器中是否启用了气压传感器。

输入 SENST_P↙

若返回值为 1,表示开启;

若返回值为 0,表示关闭,输入 SENST_P_1↙,将其启用。

(P 为气压传感器标识符)

2. 供电检查

(1)若气压传感器有工作状态指示灯,则观察指示灯是否常亮。

(2)测量主采集器气压通道的供电电压,正常应为 DC 12 V 左右。

3. 线缆检查

(1)检查主采集器气压通道上的端子接线有无错接,接线是否松动,端子是否损坏。

(2)对于 DYC1 型和 PTB330 型气压传感器,还应检查连接气压传感器和主采集器的串口线是否故障。

4. 传感器检查

用串口线直连计算机和气压传感器的串口,给传感器加电,在计算机端发送测试指令,根据返回信息判断传感器是否正常。

(1)DYC1 型和 PTB330 型气压传感器

串口默认参数:波特率 2400 bps、数据位 8、停止位 1、校验位 N。

通过串口发送命令

P↙

（2）HYPTB210 和 PTB210 型气压传感器

串口默认参数：波特率 9600 bps、数据位 8、停止位 1、校验位 N。

通过串口发送命令

.P↙

若能返回正确的气压值，则表示气压传感器正常，否则故障。

5. 主采集器检查

若参数、供电、线缆、传感器均正常，应重点检查主采集器的气压通道是否正常。

5.3.5　日常维护

1. 安装或更换气压传感器应在断电状态下进行。

2. 气压传感器应避免阳光的直接照射和风的直接吹拂。

3. 安装好的气压传感器要保持静压气孔口畅通，以便正确感应外界大气压力。

4. 配有静压管的气压传感器要定期查看静压管有无堵塞、进水，发现静压管有异物或破损时应及时处理或更换。

5. 使用带干燥剂静压管的传感器，要定期检查干燥剂颜色，若潮湿变色应及时更换。

6. 按业务要求定期进行校准。

5.4　风向传感器

风向是指空气水平流动的来向，其单位为"度"，符号为"°"。风向以正北为 0°，顺时针旋转方向进行 0°～360°的风向度量。测量风向的仪器有光电格雷码式风向传感器、霍尔效应电磁式风向传感器、电阻式风向传感器、超声波式风向传感器等。目前自动气象站中测量风向主要使用的是光电格雷码式风向传感器。

5.4.1　工作原理

光电格雷码式风向传感器利用一个低惯性的风向标部件作为感应部件，有风时风向标部件随风旋转，带动转轴下端的风向码盘一同旋转，每转动 2.8125°，位于光电器件支架上下两边的 7 位光电变换电路就输出一组新的 7 位并行格雷码，经整形电路整形并反相后输出。7位格雷码盘由 7 个等分的同心圆组成，相邻部分作透光与不透光处理，码盘的上面装有 7 个红外发光二极管，下面对应有 7 个光敏管，中间正对 7 个码道。

格雷码计数的特点是两个相邻码有且仅有一位数字不同，这样能很方便地表示出风向的微小变化，有助于消除乱码，可靠性非常高。

传感器信号输出格式为格雷码，其输入、输出端均采用瞬变抑制二极管进行过载保护。

光电格雷码式风向传感器的工作原理示意图见图 5.4-1。

风向角度和 7 位格雷码对照表见表 5.4-1。

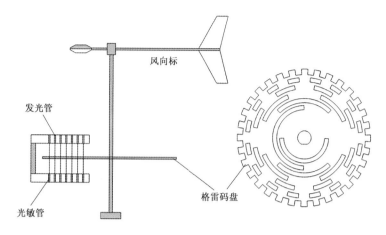

图 5.4-1　光电格雷码式风向传感器原理示意图

表 5.4-1　风向角度和 7 位格雷码对照表

角度	格雷码	角度	格雷码	角度	格雷码	角度	格雷码
单位:°(N)	GFEDCBA	单位:°(E)	GFEDCBA	单位:°(S)	GFEDCBA	单位:°(W)	GFEDCBA
0	0000000	90	0110000	180	1100000	270	1010000
3	0000001	93	0110001	183	1100001	273	1010001
6	0000011	96	0110011	186	1100011	276	1010011
8	0000010	98	0110010	188	1100010	278	1010010
11	0000110	101	0110110	191	1100110	281	1010110
14	0000111	104	0110111	194	1100111	284	1010111
17	0000101	107	0110101	197	1100101	287	1010101
20	0000100	110	0110100	200	1100100	290	1010100
23	0001100	112	0111100	203	1101100	293	1011100
25	0001101	115	0111101	205	1101101	295	1011101
28	0001111	118	0111111	208	1101111	298	1011111
31	0001110	121	0111110	211	1101110	301	1011110
34	0001010	124	0111010	214	1101010	304	1011010
37	0001011	127	0111011	217	1101011	307	1011011
39	0001001	129	0111001	219	1101001	309	1011001
42	0001000	132	0111000	222	1101000	312	1011000
45	0011000	135	0101000	225	1111000	315	1001000
48	0011001	138	0101001	228	1111001	318	1001001
51	0011011	141	0101011	231	1111011	321	1001011
53	0011010	143	0101010	233	1111010	323	1001010
56	0011110	146	0101110	236	1111110	326	1001110
59	0011111	149	0101111	239	1111111	329	1001111
62	0011101	152	0101101	242	1111101	332	1001101
65	0011100	155	0101100	245	1111100	335	1001100
68	0010100	158	0100100	248	1110100	338	1000100
70	0010101	160	0100101	250	1110101	340	1000101
73	0010111	163	0100111	253	1110111	343	1000111
76	0010110	166	0100110	256	1110110	346	1000110
79	0010010	169	0100010	259	1110010	349	1000010
82	0010011	172	0100011	262	1110011	352	1000011
84	0010001	174	0100001	264	1110001	354	1000001
87	0010000	177	0100000	267	1110000	357	1000000

5.4.2　技术参数

目前自动气象站使用的风向传感器主要有 EL15-2C 型和 ZQZ-TFX 型两种型号,其技术参数见表 5.4-2,外形结构见图 5.4-2 和图 5.4-3。

表 5.4-2　风向传感器技术参数表

型号		EL15-2C 型	ZQZ-TFX 型
生产厂家		中环天仪(天津)气象仪器 有限公司	江苏省无线电科学研究所 有限公司
应用的自动站型号		DZZ3、DZZ5、DZZ6、DZZ1-2	DZZ4
测量性能	测量范围	0°～360°	0°～360°
	最大允许误差	±3°	±3°
	分辨力	2.8125°	2.8125°
	启动风速	≤0.3 m/s	≤0.5 m/s
电气性能	供电电源	DC 5～15 V	DC 5 V
	功耗	＜0.3 W	＜0.3 W
	输出信号	7 位格雷码	7 位格雷码
环境适应性	抗风强度	75 m/s(通用型) 00 m/σ(强风型)	75 m/s(通用型) 90 m/s(强风型)
	工作温度	−40～60℃	−50～60℃
	工作湿度	0～100%RH	0～100%RH
物理参数	尺寸	550 mm×415 mm	高度 349 mm
	最大回转半径	425 mm	395 mm(普通型) 370 mm(强风型)
	重量	1.8 kg	0.95 kg

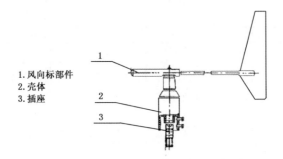

1.风向标部件
2.壳体
3.插座

图 5.4-2　EL15-2C 风向传感器外形结构图

5.4.3　安装要求

1. 组装好的风向传感器安装在风横臂上,传感器中轴应垂直,方位指向正北(误差在±5°以内)。

2. 风横臂按南北向架设在牢固的风塔(杆)上,风向标中心距地高度 10～12 m。

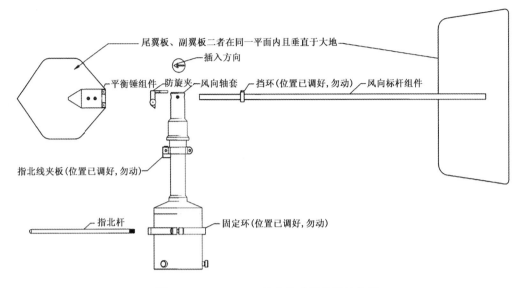

图 5.4-3 ZQZ-TFX 风向传感器外形结构图

3. 风横臂应安装水平,风向传感器在北侧。

5.4.4 检测与维修

风向传感器的常见故障为数据异常或缺测,首先检查业务软件和采集器的相关参数设置是否正确,再逐一排查线缆、传感器、采集器等方面的故障。

1. 参数检查

(1)确认业务软件参数设置正确;

(2)确认主采集器中启用了风向传感器。

输入 SENST_WD✓

若返回值为 1,表示开启;

若返回值为 0,表示关闭,输入 SENST_WD_1✓,将其启用(WD 为风向传感器标识符)。

2. 供电检查

(1)风向风速传感器共用一根线缆并由主采集器供电。如果风向风速均无数据,则优先考虑供电故障。

(2)可用万用表依次测量从风向传感器到主采集器的各个电压节点是否为 5 V 左右,测量接地是否正常,风向传感器连接示意图见图 5.4-4 和图 5.4-5。

3. 线缆检查

(1)检查各线缆插头是否牢固,有无脱落或松动。

(2)可用万用表依次测量风向传感器到主采集器风向信号各节点的通断,检查是否有短路或断路故障。

4. 传感器检查

风向数据明显异常或缺测时,有可能是风向传感器损坏引起的,检查时应先进行外观检查,若风向标明显变形或转动不灵活,应先更换传感器。

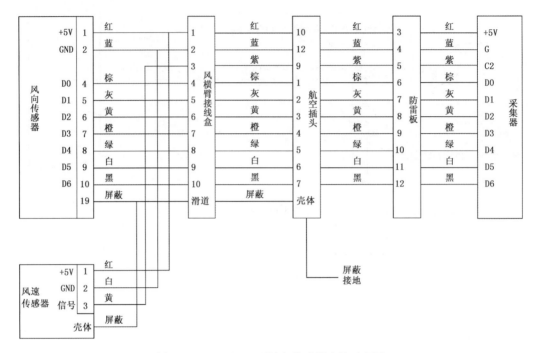

图 5.4-4　EL15-2C 型风向传感器连接示意图

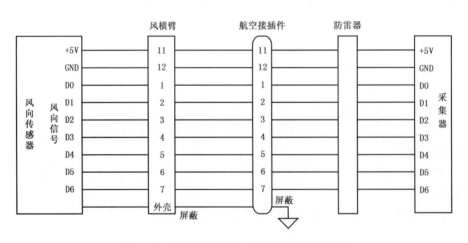

图 5.4-5　ZQZ-TFX 型风向传感器连接示意图

当传感器外观无明显异常时,可使用测量的方法确定传感器是否故障。以 EL15-2C 型风向传感器为例,先将风向标固定,在电源供电正常的情况下,依次测量格雷码信号 D0—D6(或其对应各节点)的电压值,电压在 4.5～5 V 之间为高电平 1,在 0～0.7 V 之间为低电平 0,然后按从 D6 到 D0 的顺序(D6 为首位,D0 为末位)记录下 7 位格雷码,从表 5.4-1 中查出此格雷码所对应的方位。通过与实际方位对比,确定传感器是否故障。ZQZ-TFX 型风向传感器不是采用稳定的 DC 5 V 供电,正常情况下无法测得 D0—D6 的格雷码信号。稳定的 DC 5 V 供电可以采用独立供电或通过接线从主采集器中获得。

5. 主采集器检查

若参数设置、线缆、供电、传感器均正常,应重点检查主采集器的风向信号测量通道是否正常。

5.4.5 日常维护

1. 日常维护主要是保持风向标不变形,检查轴承转动是否灵活。

2. 台风、冰雹、冻雨等恶劣天气可能会造成风标板或轴承变形,致使传感器转动不灵活,强低温雨雪天气可能会使风传感器冻结。

故出现上述天气时,要密切观察传感器工作情况,发现异常(例如风向长时间在一个方位稳定不变或少变),应及时处理,避免长时间数据缺测或超差。

3. 注意观察风向标(风杯)、轴承转动是否灵活、平稳,当轴承转动不灵活或有阻滞时需清除转动部件与静止部件缝隙间的污垢,或更换传感器。

4. 因长期使用造成轴承磨损影响性能时,应送检送修。

5. 每年定期维护一次风传感器,检查、校准风向标指北方位,当风向传感器指北标识模糊时,可用油性笔重新标示。

6. 定期检查风线缆接头,必要时更换防水胶布。

7. 按业务要求定期进行校准。

5.5 风速传感器

风速即空气的流动速度,地面气象观测中特指空气的水平流动速度,单位为"米每秒",以符号"m/s"表示。测量风速的仪器有光电式风速传感器、霍尔效应电磁式风速传感器、螺旋桨式风速传感器、超声波式风速传感器等。目前自动气象站中测量风速主要使用的是光电式风速传感器和霍尔效应电磁式风速传感器。

5.5.1 工作原理

光电式风速传感器采用光电技术:其信号发生器包括截光盘和光电转换器。风杯转动时,通过主轴带动截光盘旋转,光电转换器进行光电扫描产生相应的脉冲信号。在风速测量范围内,风速与脉冲频率成一定的线性关系。其线性方程为:

$$V = 0.2315 + 0.0495F$$

式中,V:风速,单位为 m/s;F:脉冲频率,单位为 Hz。

霍尔效应风速传感器采用电磁感应技术:其信号发生器采用霍尔开关电路,内有 36 只磁体,上下两两相对。风杯转动时,通过主轴带动磁棒盘旋转,18 对磁体形成 18 个小磁场。风杯每旋转一圈,在霍尔开关电路中就感应出 18 个脉冲信号。

在风速测量范围内,风速与脉冲频率成一定的线性关系。其线性方程为:

$$V = 0.1F$$

式中,V:风速,单位为 m/s;F:脉冲频率,单位为 Hz。

5.5.2 技术参数

目前自动气象站使用的风速传感器主要有 EL15-1C(S)型和 ZQZ-TFS 型两种型号,其技术参数见表 5.5-1,外形结构见图 5.5-4 和图 5.5-5。

表 5.5-1 风速传感器技术参数表

型号		EL15-1C 型	EL15-1CS 型 (强风型)	ZQZ-TFS 型	ZQZ-TFS(强风)型
生产厂家		中环天仪(天津) 气象仪器有限公司	中环天仪(天津) 气象仪器有限公司	江苏省无线电科学 研究所有限公司	江苏省无线电科学 研究所有限公司
应用的自动站型号		DZZ1-2、DZZ3、 DZZ5、DZZ6	DZZ1-2、DZZ3、 DZZ5、DZZ6	DZZ4	DZZ4
测量性能	测量范围	0～60 m/s	0～75 m/s	0～75 m/s	0～100 m/s
	最大 允许误差	±0.3 m/s(≤10 m/s) ±3%(>10 m/s)	±1.0 m/s(≤20 m/s) ±5%(>20 m/s)	±(0.3+0.02V) m/s	±(0.3+0.03V) m/s
	分辨力	0.05 m/s	0.05 m/s	0.1 m/s	0.1 m/s
	起动风速	≤0.3 m/s	≤0.5 m/s	≤0.5 m/s	≤0.9 m/s
	测量原理	光电式	光电式	电磁式	电磁式
电气性能	供电电源	DC 5～15 V	DC 5～15 V	DC 5 V	DC 5 V
	功耗	50 mW	50 mW	265 mW	265 mW
	输出信号	频率	频率	频率	频率
环境 适应性	抗风强度	≥75 m/s	≥75 m/s	≥75 m/s	≥90 m/s
	工作温度	−40～60℃	−50～60℃	−50～60℃	−50～60℃
	工作湿度	0～100%RH	0～100%RH	0～100%RH	0～100%RH
物理参数	尺寸	319 mm×225 mm	319 mm×225 mm	高度 267 mm	高度 267 mm
	回转半径	160 mm	160 mm	113 mm	113 mm
	重量	1 kg	1 kg	650 g	650 g

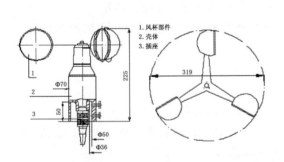

图 5.5-4 EL15-1C(S)型风速传感器外形结构

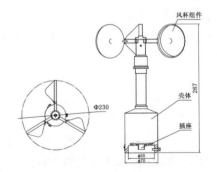

图 5.5-5 ZQZ-TFS 型风速传感器外形结构

5.5.3   安装要求

同风向传感器,参见 5.4.3。

5.5.4   检测及维修

风速传感器的常见故障为数据异常或缺测,首先检查业务软件和采集器的相关参数设置是否正确,再逐一排查线缆、传感器、采集器等方面的故障。

1. 参数检查

(1)确认业务软件参数设置是否正确;

(2)确认主采集器中是否启用了风速传感器。

输入 SENST_WS↙

若返回值为 1,表示开启;

若返回值为 0,表示关闭,输入 SENST_WS_1↙,将其启用(WS 为风速传感器标识符)。

2. 供电检查

风向风速传感器共用一根线缆并由主采集器供电。如果风速风向均无数据,则优先考虑供电故障。

可用万用表依次测量风速传感器到主采集器的各个电压节点是否为 5 V 左右,测量接地是否正常,风速传感器连接示意图见图 5.5-6 和图 5.5-7。

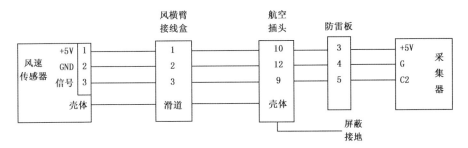

图 5.5-6   EL15-1C 型风速传感器连接示意图

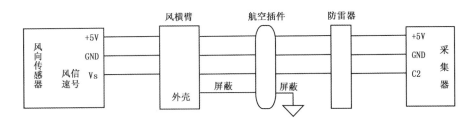

图 5.5-7   ZQZ-TFS 型风速传感器连接示意图

3. 线缆检查

(1)检查各线缆插头是否牢固,有无脱落或松动。

(2)用万用表依次测量风速传感器到主采集器风速信号各节点的通断,检查是否有短路或断路故障。

4. 传感器检查

风速数据明显异常或缺测时,有可能是风速传感器损坏引起的,检查时应先进行外观检查,若风杯明显变形或转动不灵活,应更换传感器。

当传感器外观无明显异常时,可使用测量的方法确定传感器是否故障。在电源供电正常的情况下,测量风速输出信号的电压值,风杯静止时电压值应为 0.7 V 或 4.5 V 左右;风杯转动时,电压值应为 2.5 V 左右。如果电压示值与转动情况不符,说明传感器故障。

还可以用万用表的频率(Hz)档直接测量风速的输出频率,根据用风速—频率线性公式计算出的风速值判断传感器是否正常。

有条件的台站也可以通过示波器查看传感器的输出波形特征来判断传感器的性能好坏。

表 5.5-2 EL15-1C 型风速传感器风速—频率对应表

风速值(m/s)	0.3	0.5	1	1.5	2	5	10	15	20	25	30	35	40	50	60
频率(Hz)	0~1	4	14	25	35	96	198	300	402	504	606	708	811	1016	1221

5. 主采集器检查

若参数设置、线缆、供电、传感器均正常,应重点检查主采集器的风速信号测量通道是否正常。

5.5.5 日常维护

同风向传感器的日常维护,参见 5.4.5。

5.6 翻斗式雨量传感器

降水是指从天空降落到地面上的液态和固态(经融化后)的水。降水量是指某一时段内的未经蒸发、渗透、流失的降水,在水平面上积累的深度,以毫米(mm)为单位。常用测量液态降水的仪器有翻斗式雨量传感器、虹吸式雨量传感器和双阀容栅式雨量传感器等。目前国家地面气象站使用的是双翻斗雨量传感器。

5.6.1 工作原理

双翻斗雨量传感器由承水器(常用口径为 200 mm)、上翻斗、汇集漏斗、计量翻斗、计数翻斗和干簧管等组成。组成结构图见图 5.6-1。

承雨器收集的降水通过漏斗进入上翻斗,当雨水积到一定量时,由于水本身重力作用使上翻斗翻转,水进入汇集漏斗。降水从汇集漏斗的节流管注入计量翻斗时,把不同强度的自然降水,调节为比较均匀的降水,以减少由于降水强度不同所造成的测量误差。当计量翻斗承受的降水量为 0.1 mm 时,计量翻斗把降水倾倒入计数翻斗,使计数翻斗翻转一次。计数翻斗在翻转时,与它相关的磁钢对干簧管扫描一次。干簧管因磁化而瞬间闭合一次,对开关信号计数即测得分辨率为 0.1 mm 的降水量。

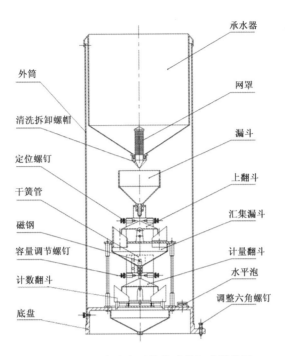

承水器

网罩

漏斗

上翻斗

汇集漏斗

计量翻斗

水平泡

调整六角螺钉

外筒

清洗拆卸螺帽

定位螺钉

干簧管

磁钢

容量调节螺钉

计数翻斗

底盘

图 5.6-1　双翻斗式雨量传感器组成结构图

5.6.2　技术参数

自动气象站常用的翻斗式雨量传感器技术参数见表 5.6-1。

表 5.6-1　雨量传感器技术参数表

型号		SL3-1
生产厂家		上海气象仪器厂
应用的自动站型号		DZZ1-2、DZZ3、DZZ4、DZZ5、DZZ6
测量性能	测量范围	$0\sim4$ mm/min
	最大允许误差	±0.4 mm（降水量$\leqslant10$ mm） $\pm4\%$（降水量>10 mm）
	分辨力	0.1 mm
	刃口角度	$40\sim45°$
	承水口径	$\Phi200^{+0.6}_{0}$ mm
电气性能	输出信号	开关信号
环境适应性	工作温度	$0\sim50℃$
物理参数	尺寸	$\Phi260$ mm$\times545$ mm
	重量	4.1 kg

5.6.3　安装要求

1. 双翻斗雨量传感器口缘距地高度不低于 70 cm。

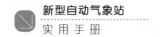

2. 安装时应调节传感器底座使水平泡在中心圆圈内。

3. 信号线接入接线柱时应注意旋紧时用力不要过大,以免接线柱背面的焊片跟转而损坏干簧管。

4. 安装不锈钢外筒时要将所有雨量翻斗拨到同一个方向,并保证承水器口水平。

5.6.4 检测与维修

雨量传感器的常见故障为数据异常或缺测,首先检查业务软件和采集器的相关参数设置是否正确,再逐一排查线缆、传感器、采集器等方面的故障。

1. 参数检查

(1)确认业务软件参数设置是否正确;

(2)确认主采集器中是否启用了雨量传感器。

输入 SENST_RAT ✓

若返回值为 1,表示开启;

若返回值为 0,表示关闭,输入 SENST_RAT_1 ✓,将其启用(RAT 为翻斗式雨量传感器标识符)。

2. 线缆检查

雨量传感器输出的脉冲信号通过两根线缆接入主采集器的雨量通道。

雨量传感器连接示意图见图 5.6-2。

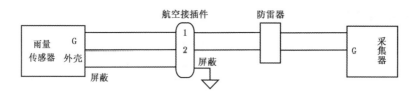

图 5.6-2 雨量传感器连接示意图

(1)检查各线缆插头是否牢固,有无脱落或松动。

(2)在雨量传感器与主采集器正常连接的情况下,将主采集器断电,用万用表通断档测量主采集器雨量通道上的接线端子,正常情况下应无短路提示音,如有提示音,说明线缆或雨量通道的接线端子短路。

(3)主采集器断电,将雨量传感器上的两根信号线接至同一接线柱(红或黑),用万用表通断档测量主采集器雨量通道上的接线端子,正常情况下应有短路提示音,如果没有,说明线缆或雨量通道的接线端子断路。

3. 传感器检查

(1)检查各翻斗的翻转灵活性,排除机械部件故障。

(2)翻转计数翻斗(不能碰触翻斗内壁),用万用表的通断档测量雨量传感器红、黑接线柱的输出信号。每翻转一次,万用表应发出一声短路提示音。否则,说明干簧管故障,需更换干簧管或传感器。

4. 主采集器检查

(1)主采集器断电,拔下雨量通道上的端子。用万用表通断档测量主采集器雨量通道的输入信号和信号地,如果短路说明雨量通道故障,需更换主采集器。

(2)主采集器通电,在业务软件中将其设为维护状态,把主采集器雨量通道的输入信号与信号地一分钟内短接数次,然后用分钟数据查询命令查看雨量返回值,若无返回值,说明雨量通道故障,需更换主采集器。

5.6.5 日常维护

1. 翻斗式雨量传感器维护期间,应将信号线从传感器上拆下,避免翻斗误翻产生多余的雨量数据。

2. 定期检查雨量传感器的器身是否稳定,定期使用水平尺和游标卡尺检测器口是否水平、有无变形。

3. 定期检察传感器底盘上的水平泡,调整底盘水平。

4. 巡视时,检查承水器,清除内部进入的杂物,检查过滤网罩,防止异物堵塞进水口。

5. 定期检查翻斗翻转的灵活性。发现有阻滞感,应检查翻斗轴向工作游隙是否正常、轴承副(成对使用,装在同一根轴上的两个轴承)是否有微小的尘沙、翻斗轴是否变形或磨损,可用清水进行清洗或更换轴承。切勿给轴承加油,以免粘上尘土使轴承磨损。

6. 定期检查和清除漏斗、翻斗和出水口沉积的泥沙,保证流水畅通,计量准确,可用干净的脱脂毛笔刷洗。翻斗内壁切勿用手触摸,以免沾上油污影响翻斗计量准确性。

7. 结冰期要停用翻斗式雨量传感器的台站,在停用时将承水器加盖,断开信号线,启用前接回信号线,将盖打开。

8. 维护中应避免碰撞承水器的器口,防止器口变形而影响测量准确性。

9. 按业务要求定期进行校准。

5.7 地温传感器

下垫面温度和不同深度的土壤温度统称地温。下垫面温度包括裸露土壤表面的地面温度、草面温度;不同深度的土壤温度又统称地中温度,主要包括离地面 5、10、15、20 cm 深度的浅层地温及离地面 40、80、160、320 cm 深度的深层地温。常用的地温单位是摄氏度,符号为℃。地温观测主要使用金属电阻式传感器、玻璃液体温度表等。目前自动气象站中测量地温主要使用的是铂电阻温度传感器。

5.7.1 工作原理

同气温传感器,参见 5.1.1。

5.7.2 技术参数

自动气象站常用的地温传感器常用技术参数见表 5.7-1。

表 5.7-1　地温传感器技术参数表

型号	PT100 型	WZP1 型	ZQZ-TW 型	HYA-T 型
生产厂家	广东省气象计算机应用开发研究所	中环天仪(天津)气象仪器有限公司	江苏省无线电科学研究所有限公司	华云升达(北京)气象科技有限责任公司
应用的自动站型号	DZZ1-2	DZZ3、DZZ6	DZZ4	DZZ5
测量性能 · 测量范围	$-50\sim100℃$	$-50\sim80℃$	$-50\sim80℃$	$-50\sim80℃$
测量性能 · 分辨力	0.1℃	0.1℃	0.1℃	0.1℃
测量性能 · 地面温度最大允许误差	±0.2℃	±0.2℃	±0.2℃	±0.2℃
测量性能 · 浅层地温最大允许误差	±0.2℃	±0.3℃	±0.2℃	±0.3℃
测量性能 · 深层地温最大允许误差	±0.2℃	±0.3℃	±0.2℃	±0.3℃
测量性能 · 输出信号	四线制	四线制	四线制	四线制
测量性能 · 时间常数	≤20 s	≤20 s	≤20 s	≤20 s
环境适应性 · 工作温度	$-50\sim80℃$	$-50\sim80℃$	$-50\sim80℃$	$-50\sim80℃$
物理参数 · 尺寸	长 80 mm 直径 6 mm	长 150 mm 直径 6 mm	长 60 mm 直径 6 mm	长 130 mm 直径 5 mm
物理参数 · 重量	144 g (4 m 线)	560 g (20 m 线)	780 g (20 m 线)	300 g (7 m 线)

5.7.3　安装要求

1. 地面温度和浅层地温传感器

地面温度传感器和浅层地温传感器安装在观测场西南面的裸地上,场地尺寸为 2 m×4 m,地表疏松、平整、无草,并与观测场地面齐平。

安放两套地温传感器的台站,两个地温支架中心位于地温场南北中心线上,分别位于地温东西中心线左右各 10 cm 处;安放一套自动传感器、一套人工表的台站,人工地面最低温度表安装在地温场南北中心线上偏西一侧,感应部分距地温场东西中心线的距离为 10 cm,人工浅层地温表安装在人工地面最低温度表西侧 20 cm 处,位于地温场南北中心线上。

传感器使用"⊥"形支架安置,感应部分朝南,支架的零标志线要与地面齐平。地面温度传感器一半埋入土中,一半露出地面,埋入土中部分必须与土壤密贴,不可留有空隙,露出地面部分应保持干净。

地面和浅层地温传感器安装支架见图 5.7-1。

2. 深层地温传感器

深层地温传感器安设在观测场东南面,场地尺寸为 3 m×4 m,地面平坦、保持自然状态。

传感器头部向下安置在地温套管内,自东向西、由浅而深、间隔 0.5 m 排成一行。

深层地温传感器的组装示意图见图 5.7-2。

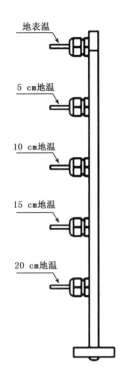

图 5.7-1　浅层地温支架

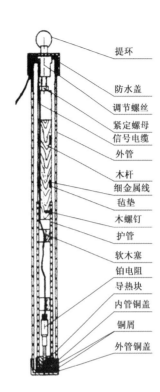

图 5.7-2　深层地温传感器组装示意图

3. 草面温度传感器

草面温度传感器安装在地温观测场西侧,草地面积约 1 m²,使用"⊥"形草面温度支架安装在距地 6 cm 处,与地面平行。

5.7.4　检测与维修

地温传感器的常见故障为数据异常或缺测,首先检查业务软件和采集器的相关参数设置是否正确,再逐一排查线缆、传感器、采集器等方面的故障。

1. 参数检查

(1)确认业务软件参数设置是否正确;

(2)确认主采集器中是否启用了地温传感器。

以地面温度传感器为例

输入 SENST_ST0 ↙

若返回值为 1,表示开启;

若返回值为 0,表示关闭,输入 SENST_ST0_1 ↙,将其启用。

表 5.7-2　地温传感器标识符表

传感器	草面	地面	5 cm	10 cm	15 cm	20 cm	40 cm	80 cm	160 cm	320 cm
标识符	TG	ST0	ST1	ST2	ST3	ST4	ST5	ST6	ST7	ST8

2. 线缆检查

(1)检查各线缆插头是否牢固,有无脱落或松动。

(2)依次测量故障地温传感器→地温分采的对应信号节点,测量地温分采→主采集器的CAN信号节点,排除断接、短接、错接等故障。

3. 传感器检查

同气温传感器,参见5.1.4。

4. 地温分采集器检查

若参数、线缆、传感器均正常,应重点检查主采集器的CAN通道和地温分采是否正常。

5.7.5　日常维护

1. 地面温度和浅层地温传感器

保持地面疏松、平整、无草;及时耙松板结地表土。查看地面温度传感器和浅层地温传感器的埋设情况,保持地面温度传感器一半埋在土内,一半露出地面,注意擦拭沾附在上面的雨露和杂物,浅层地温安装支架的零标志线应与地面齐平。

2. 深层地温传感器

深层地温观测场地应与观测场地面一致。雨后或融雪后应检查深层地温硬橡胶套管内是否有积水,如有积水应设法将水及时吸干;如套管内经常积水,应进行检修或更换。

3. 草面温度传感器

当草株高度超过10 cm时,应及时修剪草层高度。积雪掩埋草层时,应经常巡视草面温度传感器,并使其始终置于积雪表面上。

5.8　蒸发传感器

蒸发是液态或固态物质转变为气态的过程。自动气象站测定的蒸发量是水面蒸发量,水面蒸发量是指一定口径的蒸发器中,在一定时间间隔内因蒸发而失去的水层深度,以毫米(mm)为单位。测量蒸发的仪器有超声波式蒸发传感器、浮子式蒸发传感器等。目前自动气象站中使用的是超声波式蒸发传感器。

5.8.1　工作原理

超声波式蒸发传感器基于连通器和超声波测距原理,选用高精度超声波探头,根据超声波脉冲发射和返回的时间差来测量水位变化,并转换成电信号输出,计算某一时段的水位变化即得到该时段的蒸发量。

超声波式蒸发传感器和 E-601B 型蒸发器配套使用。整套蒸发测量系统由百叶箱、测量筒、超声波测量探头、连通管、蒸发桶、水圈和溢流桶等组成。外形结构见图 5.8-1 和图 5.8-2。

5.8.2　技术参数

自动气象站常用的蒸发传感器技术参数见表 5.8-1。

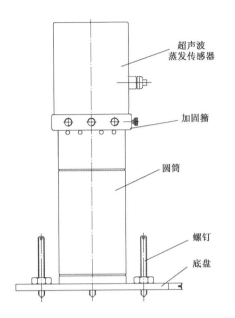

图 5.8-1　AG2.0 型蒸发传感器外形结构

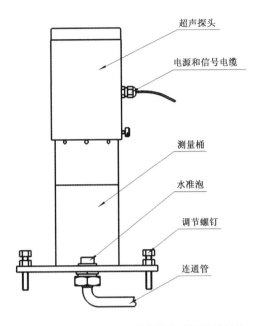

图 5.8-2　WUSH-TV2 型蒸发传感器外形结构

表 5.8-1　蒸发传感器技术参数表

型号		AG2.0 型	WUSH-TV2 型
生产厂家		中环天仪(天津) 气象仪器有限公司	江苏省无线电科学 研究所有限公司
应用的自动站型号		DZZ1-2、DZZ3 DZZ5、DZZ6	DZZ4
测量性能	测量范围	0～100 mm	0～100 mm
	最大允许误差	±0.2 mm(≤10 mm)	±0.2 mm(≤10 mm)
		±2%(>10 mm)	±2%(>10 mm)
	分辨力	0.1 mm	0.1 mm
电气性能	输出信号	4～20 mA	4～20 mA
	供电	DC 10～15 V	DC 9～15 V
	功耗	≤2 W	≤2 W
环境适应性	工作温度	0～50℃	0～60℃
物理参数	尺寸	Φ98 mm×高 138 mm	Φ100 mm×高 155 mm
	重量	931 g	890 g

5.8.3　安装要求

1. 超声波蒸发传感器安置在专用百叶箱内,通过连通管与蒸发器相连。

2. 蒸发桶放入坑内,器口距地 30 cm,并保持水平。

3. 水圈安装时必须与蒸发桶密合,口缘高度低于桶口 5～6 cm。

4. 百叶箱安装在蒸发桶北侧,门朝向南,两者中心相距 3 m。

5.8.4 检测与维修

蒸发传感器的常见故障为数据异常或缺测,首先检查业务软件和采集器的相关参数设置是否正确,再逐一排查线缆、传感器、采集器等方面的故障。

1. 参数检查

(1)确认业务软件参数设置是否正确;

(2)确认主采集器中是否启用了蒸发传感器。

输入 SENST_LE ↙

若返回值为 1,表示开启;

返回值为 0,表示关闭,输入 SENST_LE_1 ↙,将其打开(LE 为蒸发传感器标识符)。

2. 供电检测

用万用表依次测量从蒸发传感器到主采集器电压信号各节点是否为 DC 12 V,接地是否正常。

3. 线缆检测

检查各线缆插头是否牢固,有无脱落或松动。

用万用表依次测量从蒸发传感器到主采集器各信号节点的通断,检查是否有短路或断路故障。连接示意图见图 5.8-3 和图 5.8-4。

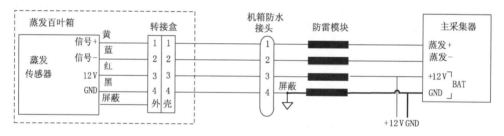

图 5.8-3　WUSH-TV2 型蒸发传感器信号连接示意图

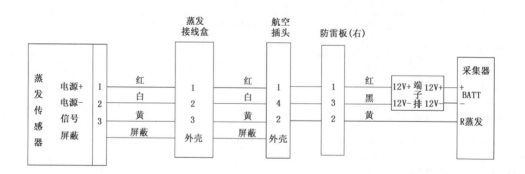

图 5.8-4　AG2.0 型蒸发传感器信号连接示意图

4. 传感器检测

用万用表测量蒸发传感器的输出信号,电流值应在 4～20 mA 之间。根据所测电流,利用下面公式进行水位计算。

$$E_c = 100 \times (I-4)/(20-4)$$

其中：E_c：蒸发水位，单位为 mm；I：电流值，单位为 mA。

计算得出的水位若与通过输入命令获取的返回值或软件窗口的显示值基本一致，说明传感器正常。

主采集器配置有标准电阻可将蒸发传感器输出的电流信号转换为电压信号，通过测量电压也可以判断蒸发传感器输出信号是否正常。

5. 主采集器蒸发通道检测

用信号模拟器模拟输出 4～20 mA 的电流，检查经主采集器转换后的水位数据应在 0～100 mm 之间。

其中，4 mA 对应 0 mm，20 mA 对应 100 mm。

如果数据异常，说明蒸发通道有问题，应更换主采集器。

5.8.5   日常维护

1. 蒸发传感器维护期间，应当暂停蒸发观测，维护完成后，再启动观测，防止因维护操作而引起数据异常。

2. 蒸发桶定期清洗换水，检查清理不锈钢测量筒内的异物，一般每月一次。

3. 蒸发桶内水位过高时，应及时取水，防止溢流；蒸发桶内水位过低时，应及时加水，以免影响测量准确性。

4. 每年在汛期前后（冰冻期较长的地区，在开始使用前和停止使用后），应各检查一次蒸发器的渗漏情况；如果发现问题，应进行处理。停用后，把电缆插头拔掉，将传感器探头取出放到室内。

5. 定期检查蒸发器的安装情况，如发现高度不准、不水平等，要及时予以纠正。

6. 超声波蒸发传感器测量精度高，安装尺寸要求非常严格，切勿撞击或用手触摸超声传感器的探头。

7. 按业务要求定期进行校准。

5.9   能见度传感器

气象能见度用气象光学视程表示。气象光学视程是指白炽灯发出色温为 2700 K 的平行光束的光通量在大气中削弱至初始值的 5% 所通过的路径长度。在常规地面气象观测中，一般以米为单位，符号是 m。常用的能见度测量仪器有前向散射式能见度传感器、透射式能见度传感器等。目前自动气象站中主要使用的是前向散射能见度传感器。

5.9.1   工作原理

前向散射式能见度传感器由发射单元、接收单元和数据处理单元组成，采用前向散射法，取前向散射角 25°～45°之间。因前向散射角在 20°～50°之间时，同一散射角的散射强度与消光系数之间的正比关系，不随采样大气浓度和粒径分布的改变而改变。

发射单元的红外发光管发射出近似平行的红外光束(见图 5.9-1),接收单元将采样区内大气前向散射光汇集到接收单元光电传感器的接收面上,并将其转换成与大气能见度成反比关系的电信号。电信号经处理后送至数据处理单元,CPU 对其取样,计算散射光强,由此估算出总的散射量(与仪器结构本身决定的采样角度有关),得到消光系数。

根据柯西米德定律,计算气象光学视程(MOR)

$$MOR = -\ln(\varepsilon)/\sigma$$

式中:ε 为对比阈值,σ 为消光系数。当 $\varepsilon = 0.05$ 时,

$$MOR = 2.996/\sigma$$

外形结构见图 5.9-2～图 5.9-4。

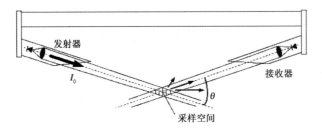

图 5.9-1　前向散射式能见度传感器工作原理示意图

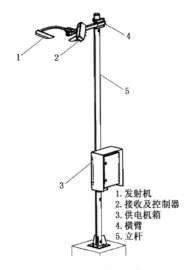

1. 发射机
2. 接收及控制器
3. 供电机箱
4. 横臂
5. 立杆

图 5.9-2　DNQ1 型能见度
外形结构

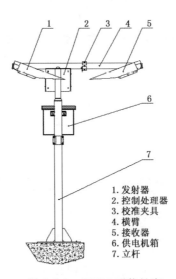

1. 发射器
2. 控制处理器
3. 校准夹具
4. 横臂
5. 接收器
6. 供电机箱
7. 立杆

图 5.9-3　DNQ2 型能见度
外形结构

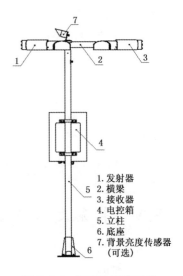

1. 发射器
2. 横梁
3. 接收器
4. 电控箱
5. 立柱
6. 底座
7. 背景亮度传感器
　(可选)

图 5.9-4　DNQ3 型能见度
外形结构

5.9.2　技术参数

自动气象站常用的能见度传感器技术参数见表 5.9-1。

表 5.9-1　能见度传感器技术参数表

型号	DNQ1 型	DNQ2 型	DNQ3 型
生产厂家	华云升达(北京)气象科技有限责任公司(引进芬兰维萨拉公司产品)	安徽蓝盾光电子股份有限公司	凯迈(洛阳)环测有限公司
应用的自动站型号	DZZ1-2、DZZ3、DZZ4、DZZ5、DZZ6		
测量性能 测量范围	10～35000 m	10～50000 m	10～50000 m
测量性能 最大允许误差	±10%(10～10000 m) ±15%(10000～35000 m)	±10%(10～10000 m) ±20%(10000～50000 m)	±10%(10～1500 m) ±20%(1500～50000 m)
测量性能 分辨力	1 m	1 m	1 m
测量性能 时间常数	60 s	60 s	60 s
电气性能 供电电源(额定)	AC 220 V	AC 220 V	AC 220 V
电气性能 功耗	不加热时:≤3 W	不加热时:≤30 W	不加热时:≤30 W
电气性能 功耗	加热时:≤65 W	加热时:≤110 W	加热时:≤330 W
电气性能 通信接口	RS-485、RS-232	RS-485、RS-232	RS-485、RS-232
环境适应性 工作温度	−45～60℃	−45～50℃	−45～50℃
环境适应性 工作湿度	10%RH～100%RH	10%RH～100%RH	10%RH～100%RH
环境适应性 大气压力	450～1060 hPa	450～1060 hPa	450～1060 hPa
物理参数 传感器部分外形尺寸(高×宽×深)	199×695×404 (mm)	1560×250×400 (mm)	1415×306×222 (mm)
物理参数 整体外形尺寸(高×宽×深)	1075×715×3020 (mm)	1560×250×3000 (mm)	1425×525×3019 (mm)
物理参数 传感器部分重量	3 kg	15 kg	15.8 kg
物理参数 整体重量	45 kg	50 kg	60 kg

5.9.3　安装要求

1. 前向散射能见度传感器应安装在对周围天气状况最具代表性的地点。远离大型建筑物,远离产生热量及妨碍降雨的设施。建议最小间隔距离为 100 m。

2. 安装地点应该不受干扰光学测量的遮挡物和反射表面的影响,避开闪烁光源、树阴、污染源(比如烟、车辆尾气等)。

3. 前向散射能见度传感器使用立杆安装,采样区中心高度距地 2.8 m。传感器部分南北安置,接收单元朝北,发射单元朝南,确保太阳光及反射光不会进入接收单元镜头。

4. 安装前向散射能见度传感器时,应保证传感器横臂水平。

5.9.4 检测与维修

能见度传感器的常见故障为数据异常或缺测,首先检查业务软件和采集器的相关参数设置是否正确,再逐一排查线缆、传感器、采集器等方面的故障。

1. 参数检查

(1)确认业务软件参数设置是否正确;

(2)确认主采集器中是否启用了能见度传感器。

输入 SENST_VI✓

若返回值为1,表示开启;

返回值为0,表示关闭,输入 SENST_VI_1✓,将其打开(VI 为能见度传感器标识符)。

2. 供电检查

测量能见度传感器的供电电压、接地是否正常,排除故障点。

3. 线缆检查

(1)检查各线缆插头是否牢固,有无脱落或松动。重新接线或拧紧时,注意关闭设备电源。

(2)测量从传感器到主采集器信号线有无短路、断路。

4. 传感器检查

(1)检查计算机端通信接口设置是否正确。

(2)使用计算机直连传感器串口,检查传感器每分钟主动输出的数据内容及格式是否正确(数据内容应该均为字母或数字,不应有乱码;当前能见度数值应在量程范围内)。

5. 其他检查

能见度数据异常还有可能是由于发射单元与接收单元间的光路受阻或干扰所致。

(1)检查透镜窗口或采样区内有无异物,如树枝、蛛网等,若有则清除。

(2)检查发射单元(接收单元)透镜窗口是否被污染。若有则用脱脂棉蘸酒精清洁。

(3)检查周围是否有烟、强反射源等干扰源。

5.9.5 日常维护

1. 每日日出后和日落前巡视能见度传感器,发现透镜窗口(尤其是采样区)有蛛网、鸟窝、灰尘、树枝、树叶等影响数据采集的杂物,应及时清理(可在基座、支架管内放置硫磺,预防蜘蛛)。采用太阳能供电系统的站点,应注意及时清除太阳能板上的灰尘、积雪等。

2. 每月检查供电设施,保证供电安全。每3个月对蓄电池进行一次充放电。

3. 每年春季对防雷设施进行全面检查,复测接地电阻。

4. 每2个月对无人值守的能见度站进行现场检查维护。

5. 为保证测量结果的准确性,传感器透镜应定期清洁,通常可每2个月清洁一次。可根据附近环境情况及天气条件,适当调整清洁周期。污染较重或遇沙尘、降雪等影响能见度观测的天气现象后,应视情况及时清洁。

清洁透镜的方法:

(1)用酒精浸湿脱脂棉,擦拭透镜,注意不要划伤透镜表面;

(2)检查遮光罩和透镜表面,确保没有水滴凝结或冰雪覆盖;

(3)擦除镜头遮光罩、防护罩内外表面的灰尘。

6. 仪器长期工作一段时间后会发生性能漂移从而影响测量准确性,因此需对能见度传感器定期校准。校准周期一般为 6 个月。

7. 维护过程中,切忌长时间直视发射端镜头,避免损伤眼睛;尽量避免用手电筒等人工光源照射发射端和接收端。

5.10　称重式降水传感器

降水是指从天空降落到地面上的液态或固态(经融化后)的水。降水量是指某一时段内的未经蒸发、渗透、流失的降水,在水平面上积累的深度,以毫米(mm)为单位。同时测量液态和固态降水的仪器有压力应变式称重降水传感器、振弦式称重降水传感器、加热翻斗式雨量传感器等。目前自动气象站使用的是压力应变式称重降水传感器和振弦式称重降水传感器。

5.10.1　工作原理

称重式降水传感器通过测量落到盛水桶中降水的质量,根据水的密度换算成降水的体积,再根据承水口面积计算出盛水桶中收集的降水总量。计算相邻两分钟的降水总量的差值即得到分钟降水量。由降水质量换算成降水总量的计算公式如下:

$$P = M/(\rho \times S)$$

式中,P:降水总量,M:降水质量,ρ:水密度,S:承水口面积。

压力应变称重技术:表面粘贴有电阻应变片的敏感梁在盛水桶的压力作用下产生弹性形变,电阻应变片也随之产生变形,其阻值将发生相应的变化。通过检测电阻应变片的阻值变化,可以得到盛水桶的质量。

振弦称重技术:弦丝弹性元件的固有频率与其所受的张力存在确定的关系。放置盛水桶的托盘对弦丝产生拉力作用,使其固有频率发生变化,通过激振器使弦丝产生振荡,用拾振器检测其振荡频率,利用频率—张力的关系,可计算得到盛水桶的质量。

称重式降水传感器的外形结构见图 5.10-1 和图 5.10-2。

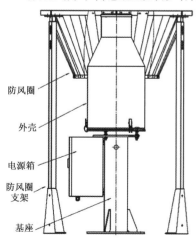

图 5.10-1　DSC1 和 DSC3 型称重式降水传感器外形结构

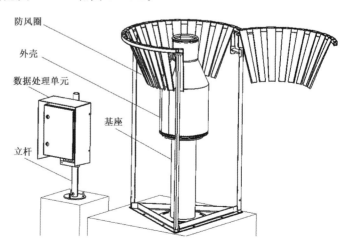

图 5.10-2　DSC2 型称重式降水传感器外形结构

5.10.2 技术参数

自动气象站常用的称重式降水传感器技术参数见表 5.10-1。

表 5.10-1 称重式降水传感器技术参数表

型号		DSC1	DSC2	DSC3
生产厂家		江苏省无线电科学研究所有限公司	华云升达(北京)气象科技有限责任公司	天津华云天仪特种气象探测技术有限公司
应用的自动站型号		DZZ1-2、DZZ3、DZZ4、DZZ5、DZZ6		
测量性能	承水口内径	$\Phi200_0^{+0.6}$ mm	$\Phi200_0^{+0.6}$ mm	$\Phi200_0^{+0.6}$ mm
	容量	600 mm	400 mm	400 mm
	分辨力	0.1 mm	0.1 mm	0.1 mm
	最大测量误差	±0.3 mm,≤10 mm 时 ±3%,>10 mm 时	±0.4 mm,≤10 mm 时 ±4%,>10 mm 时	±0.4 mm,≤10 mm 时 ±4%,>10 mm 时
	测量原理	压力应变式	振弦式	压力应变式
电气性能	供电电源(额定)	DC12 V	DC12 V	DC12 V
	功耗	<1 W	<1 W	<1 W
	通信接口	RS-232、RS-485 脉冲(通断信号)	RS-232、RS-485 脉冲(通断信号)	RS-232、RS-485 脉冲(通断信号)
环境适应性	工作温度	−45~60℃	−45℃~60℃	−50℃~60℃
	储存温度	−45~80℃	−45~80℃	−50~80℃
	相对湿度	5%~100%RH	5%~100%RH	5%~100%RH
	大气压力	450~1060 hPa	450~1060 hPa	450~1060 hPa
	降水强度	≤10 mm/min	≤10 mm/min	≤10 mm/min
	抗风能力	≤75 m/s	≤75 m/s	≤75 m/s
物理参数	外观尺寸 (不含基座)	直径 400 mm 高 780 mm	直径 400 mm 高 780 mm	直径 400 mm 高 780 mm

5.10.3 安装要求

1. 称重式降水传感器应架设在开阔区域,基座必须稳固并保持水平,保证传感器安装在上面不晃动,以免影响测量准确性。

2. 信号电缆应架设在电缆沟内,或埋在地下的电缆管内。

3. 根据各地最低气温的不同,添加相应配比的防冻液和防蒸发油。

4. 安装防风圈,应注意传感器在防风圈的中央,防风圈的高度比传感器承水口上边沿高 2 cm。

5.10.4 检测与维修

称重传感器的常见故障为数据异常或缺测,首先检查业务软件和采集器的相关参数设置是否正确,再逐一排查线缆、传感器、采集器等方面的故障。

1. 参数检查

(1)确认业务软件参数设置是否正确；

(2)确认主采集器中是否启用了称重式降水传感器。

输入 SENST_RAW ↙

若返回值为 1,表示开启；

若返回值为 0,表示关闭,输入 SENST_RAW_1 ↙,将其启用(RAW 为称重式降水传感器标识符)。

2. 供电检查

测量称重式降水传感器的供电电压、接地是否正常,排除故障点。

3. 线缆检查

(1)检查各线缆插头是否牢固,有无脱落或松动。重新接线或拧紧时,应关闭设备电源。

(2)测量从传感器到主采集器信号线有无短路、断路。

4. 传感器检查

用计算机直连传感器串口,检查传感器每分钟的输出数据内容及格式是否正确(数据内容应该均为字母或数字,不应有乱码;当前降水量及原始质量数值应在量程范围内)。

5. 运行状态检查

检查运行状态指示灯闪烁是否正常。

6. 串口调试

称重式降水传感器可响应操作终端发出的指令,在使用和维护过程中可以从计算机终端给传感器或主采集器发送命令,进行必要的交互式操作。

5.10.5　日常维护

1. 按时检查内筒内液面高度和供电情况。

2. 每日定时进行仪器小清洁,口沿以外的积雪、沙尘等杂物应及时清除,如遇有承水口沿被积雪覆盖,应及时将口沿积雪扫入桶内,口沿以外的积雪及时清除。

3. 每周检查承水口水平、高度。

4. 每次较大降水过程后及时检查盛水桶,防止溢出。

5. 每月检查防雷接地情况。

6. 定期维护盛水桶。

7. 在冬季,应根据当地的气温条件补充防冻液,并添加足够形成保护薄膜的防蒸发抑制油。蒸发抑制油应能完全覆盖桶底薄薄一层。

8. 在夏季,不需要添加防冻液,但需要保护桶的底部有少量的水,以保证油膜能均匀覆盖在桶内。

9. 按业务要求定期进行校准。

5.11　积雪深度传感器

雪深是指从积雪表面到地面的垂直深度,以厘米为单位,符号为 cm。测量雪深的仪器有

超声波式雪深传感器、激光式雪深传感器等。目前自动气象站中主要使用的是激光式雪深传感器和超声波式雪深传感器。

5.11.1 工作原理

1. 激光测距技术

采用相位法测距。用无线电波段频率对激光束进行调制,测定调制光往返测量一次所产生的相位延迟;根据调制光的波长,换算出此相位延迟所代表的距离。相位法激光测距的原理见图 5.11-1。

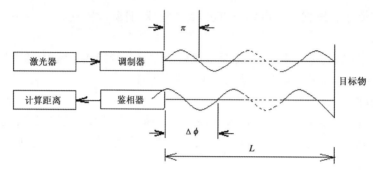

图 5.11-1 相位法激光测距原理图

激光往返距离 L 产生的相位延迟为 ϕ,是所经历的 n 个完整波的相位及不足一个波长的分量的相位 $\Delta\phi$ 的和,即:

$$\phi = 2n\pi + \Delta\phi$$

距离 L 与相位延迟 ϕ 的关系为:

$$L = (c/2) \cdot \phi/(2\pi f)$$

式中:c:光速;f:调制激光的频率;ϕ:激光发射和接收的相位差。

2. 超声波测距技术

通过测量超声波脉冲发射和返回的时间计算出从传感器探头到目标物的距离,实现雪深的自动连续监测。超声波测距的原理见图 5.11-2。

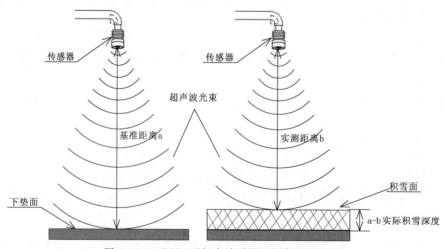

图 5.11-2 DSJ1 型超声波雪深观测仪测距原理

其核心测距部件是 50 kHz(超声波)压电传感器,并配置有温度传感器 HY-T 和通风辐射屏蔽罩进行温度补偿,用来弥补声波速率在不同温度下的变化,提高了测量准确性。

温度补偿公式如下:

$$D = H_{Reading} \times \sqrt{\frac{T}{273.15}}$$

其中,D 为温度补偿后的距离,T 为热力学温度,$H_{Reading}$ 为传感器的测量值,该数值使用 0 ℃时的声速(为 331.4 m/s)计算补偿。

雪深传感器的外形结构见图 5.11-3 和图 5.11-4。

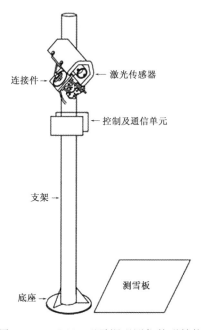

图 5.11-3　DSS1 型雪深观测仪外形结构

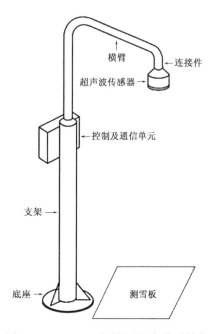

图 5.11-4　DSJ1 型雪深观测仪外形结构

5.11.2　技术参数

自动气象站常用的雪深传感器技术参数见表 5.11-1。

表 5.11-1　雪深传感器技术参数表

型号		DSS1 型	DSJ1 型
生产厂家		江苏省无线电科学研究所有限公司	华云升达(北京)气象科技有限责任公司
应用的自动站型号		DZZ1-2、DZZ3、DZZ4、DZZ5、DZZ6	
测量性能	测量范围	0~2000 mm	0~2000 mm
	最大允许误差	±10 mm	±10 mm
	分辨力	1 mm	1 mm
	测量原理	激光测距	超声波测距

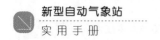

续表

型号		DSS1 型	DSJ1 型
电气性能	供电电源(额定)	DC 12 V	DC 12 V
	功耗	平均功耗:<2 W(DC 12 V,不加热时)	1 W
		加热功耗:平均<6 W,瞬时<20 W	—
	输出信号	RS-232/RS-485	RS-232
激光特性	波长	650 nm,红光	—
	等级	CLASS 2	—
	激光功率	<1 mW	—
	波束角	0.07°	—
环境适应性	工作温度	−45～40℃	−45～50℃
	工作湿度	0%～100% RH	0%～100% RH
	大气压力	450～1060 hPa	450～1060 hPa
物理参数	尺寸	长 346 mm×宽 140 mm×高 129 mm	直径 101 mm,高 76 mm
	重量	3 kg	0.65 kg

5.11.3 安装要求

1. 观测地段平整、开阔、避风、无杂草,避开排水区、雨(雪)时易被水淹、积雪易堆积和不易堆积的地区。

2. 避开向阳坡,以免融雪过快,地面坡度不大于 5°。

3. 确保立柱要稳固,保证传感器探头不晃动,以免影响测量准确性。

4. DSJ1 型超声波雪深观测仪基准面为边长 0.9 m 的正方形,中心在立柱西侧 0.6 m 处,超声波测距探头的正下方。

5. DSJ1 型超声波雪深观测仪,需要将 HY-T 铂电阻温度传感器置于通风防辐射罩中部偏上部位,如果不接温度传感器,雪深采集器无法进行温度修正,就不会输出雪深值。

6. DSS1 型雪深观测仪探头向西,调整传感器测量角度,使垂直倾角在 10°～30°,保证测量路径上无任何遮挡。

7. DSS1 型雪深观测仪需要将基准块置于测雪板的凹槽内,调节测雪板高度,使测雪板与地面齐平,探头红色激光点能照射在测雪板中心的基准块上。

5.11.4 检测与维修

雪深传感器的常见故障为数据异常或缺测,首先检查业务软件和采集器的相关参数设置是否正确,再逐一排查线缆、传感器、采集器等方面的故障。

1. 参数检查

(1)确认业务软件参数设置是否正确;

(2)确认主采集器中是否启用了雪深传感器。

输入 SENST_SD↙

若返回值为 1,表示开启;

若返回值为 0,表示关闭,输入 SENST_SD_1 ↙,将其启用(SD 为雪深传感器标识符)。

2. 供电检查

测量雪深传感器的供电电压,正常应为 12 V 左右。

3. 线缆检查

(1)检查各线缆插头是否牢固,有无脱落或松动。重新接线或拧紧时,注意关闭设备电源。

(2)依次测量从传感器到采集器信号线有无短路、断路。

4. 传感器检查

(1)将 DSS1 型雪深传感器探头对准附近的物体,查看物体表面是否有红色的激光点出现,若无须检查传感器供电。

DSJ1 型雪深传感器正常工作时会发出轻微的响声,据此可判断传感器是否能发出超声波。

(2)用串口线将雪深传感器直接与计算机连接,在不键入命令的情况下,传感器应自动输出测量值,若无返回数据或返回数据不正确,则说明传感器故障。

(3)DSJ1 型雪深观测仪还要注意检查温度传感器是否工作正常。

5. 采集器检查

(1)WUSH-SD 雪深采集器

WUSH-SD 雪深采集器是 DSS1 型雪深观测仪的核心,并配有专用的嵌入式软件。WUSH-SD 雪深采集器面板接口见图 5.11-5。

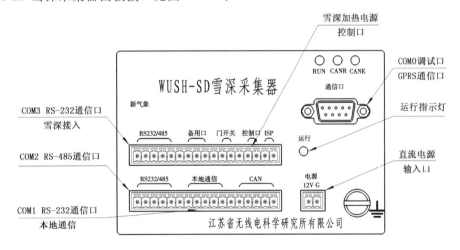

图 5.11-5　WUSH-SD 雪深采集器面板接口布局图

WUSH-SD 雪深采集器有 RUN 运行指示灯,RUN 指示灯用于指示各种工作状态,见表 5.11-2。

表 5.11-2　WUSH-SD 采集器 RUN 指示灯状态

序号	指示灯状态	描述
1	常亮	系统正在启动中(此过程持续时间约为 30 s)
2	1/4 秒闪(0.25 s 亮、0.25 s 暗)	应用程序正在启动中(此过程持续时间约为 15 s)
3	秒闪(1 s 亮、1 s 暗)	表示应用程序运行正常

(2)HY1100 雪深采集器

HY1100 雪深采集器面板接口见图 5.11-6:

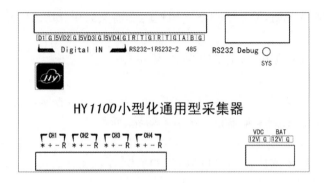

图 5.11-6 HY1100 雪深采集器面板示意图

HY1100 雪深采集器通道接口定义表见表 5.11-3。

表 5.11-3 HY1100 雪深采集器通道接口定义表

通道	功能	接线
Debug	调试串口	DB-9 孔插头
RS232-1	雪深传感器接口	绿——R 白——T 红——12 V 黑——G
RS232-2	数据输出串口	黄——R(采集器接收) 绿——T(采集器发送) 蓝——G(采集器地)
CH1	温度传感器接口	红——＊ 蓝——＋ 黄——— 绿——R
BAT	采集器供电	红——12 V 黑——G

观察雪深采集器面板上的 SYS 指示灯,正常情况下应为常亮,否则说明采集器工作不正常。

将计算机和采集器 Debug 接口连接,发送"GMSD↙"命令,查看有无数据返回及返回值是否正确,据此判断采集器是否正常。

5.11.5 日常维护

1. 启用雪深观测传感器前,应清理基准面上杂物,平整基准面,检查供电、防雷接地、数据线连接等情况,并进行现场校准。

2. 每日检查设备供电和运行情况,维护场地,保持基准面整洁平整,注意对传感器的波(光)束通路进行清洁。禁止任何物体进入传感器观测区域。

3. 每日检查传感器的外观、运行状态,注意分析判断雪深数据的准确性,如有疑问,应及时进行现场校准测试。

4. 积雪期间,每日检查测雪面,及时清除异物。若测雪面被破坏,应及时将其尽可能恢复至与周围雪面状况相同。

5. 每月定期检查防雷接地情况。

6. 长时间不用时,断开电源线和信号线,清洁探头,并加防护罩。

7. 雪深传感器停用期间,应根据电池使用说明要求,给仪器的蓄电池定期充放电。

8. 在激光雪深传感器工作期间,严禁直视发射窗口和长时间直视测量面上的激光红点。

9. 定期检查更换探头干燥剂,更换时需拆下探头。

10. 按业务要求定期进行校准。

5.12　总辐射/散射辐射/反射辐射传感器

总辐射是指水平面上,天空 2π 立体角内所接收到的太阳直接辐射和散射辐射,是波长在 $0.29\sim3.0~\mu m$ 范围内的短波辐射。气象上观测总辐射在单位时间内投射到单位面积上的辐射能,即辐照度,以及一段时间(如一天)辐照度的总量或累计量,称为曝辐量。辐照度的单位为瓦/平方米（W/m^2）,曝辐量的单位为兆焦耳/平方米（MJ/m^2）。测量总辐射的仪器有热电型总辐射传感器、光电型总辐射传感器等。目前气象辐射观测系统中主要使用的是热电型总辐射传感器。

散射辐射是指太阳辐射经过大气散射或云的反射,从天空 2π 立体角以短波形式向下,到达地面的那部分辐射。

反射辐射是指总辐射到达地面后被下垫面(作用层)向上反射的那部分短波辐射。

散射辐射和反射辐射采用总辐射传感器来测量。

5.12.1　工作原理

总辐射传感器由感应件、玻璃罩和配件组成。其工作原理基于热电效应,感应件由感应面和热电堆组成,感应元件为快速响应的线绕电镀式热电堆,感应面涂无光黑漆。当涂黑的感应面接收辐射增热时,称之为热结点,没有涂黑的一面称之为冷结点,当有太阳光照射时,产生温差电势,输出的电势与接收到的辐照度成正比。

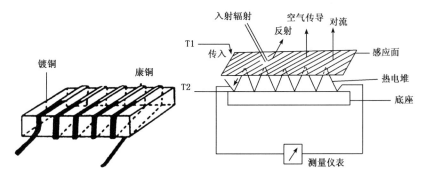

图 5.12-1　热电型总辐射传感器测量原理图

玻璃罩为半球形双层石英玻璃,能透过波长 $0.27\sim3.2~\mu m$ 范围的短波辐射,透过率为常数且接近 0.9。采用双层罩是为了减小空气对流和阻止外层罩的红外辐射影响,减小测量误差。

用总辐射传感器测量散射辐射时,需要遮挡太阳直接辐射。常见的遮光装置有两种:

1. 用太阳跟踪器带动遮光板(或遮光球)跟随太阳运动,使遮光板(或遮光球)的阴影始终落在感应面上;

2. 用一个圆弧形遮光环,环面对着太阳在天球上的视运动轨迹,保证遮光环在任何时刻都遮住太阳的直接辐射不落到感应面上。这种形式对散射辐射的遮挡较多,因此必须进行遮光环系数订正,如:

$$E = K_0 \times (V/K)$$

式中 E 为辐射强度,V 为信号电压,K 为灵敏度系数,K_0 为遮光环系数。

用总辐射传感器测量反射辐射时,使总辐射传感器的感应面朝下即可。

5.12.2　技术参数

自动气象站常用的总辐射传感器技术参数见表 5.12-1,外形结构见图 5.12-2～图 5.12-4。

表 5.12-1　总辐射传感器技术参数表

型号		TBQ-2-B	CMP6	CMP11	FS-S6
生产厂家		北京华创风云科技有限责任公司	中环天仪(天津)气象有限公司	中环天仪(天津)气象有限公司	江苏省无线电科学研究所有限公司
应用的自动站型号		DZZ5	DZZ6	DZZ5	DZZ4
测量性能	灵敏度	$7\sim14~\mu V \cdot W^{-1} \cdot m^2$	$5\sim20~\mu V \cdot W^{-1} \cdot m^2$	$7\sim14~\mu V \cdot W^{-1} \cdot m^2$	$7\sim14~\mu V \cdot W^{-1} \cdot m^2$
	响应时间(95%)	<35 s(99%)	18 s	5 s	18 s
测量性能	年稳定性	<±2%	<±1%	<±0.5%	<+1%
	非线性	<±2%	<±1%	<±0.2%	<±1%
	倾斜回应	<±5%	<±1%	<±0.2%	<±2%
	余弦响应(太阳高度角10°)	<±7%	—	—	—
	方向误差(在80°角1000 W/m²辐照度)	—	<20 W/m²	<10 W/m²	±20 W/m²
	视场角	180°	180°	180°	180°
	辐照度	0～1400 W/m²	0～2000 W/m²	0～4000 W/m²	0～2000 W/m²
	光谱范围	270～3200 nm	310～2800 nm	310～2800 nm	305～2800 nm
	温度系数	≤±2%(−10～40℃)	±4%(−10～40℃)	±1%(−10～40℃)	±4%(−10～40℃)
电气性能	输出信号	模拟电压	模拟电压	模拟电压	模拟电压
环境适应性	工作温度范围	−40～80℃	−40～80℃	−40～80℃	−40～80℃

型号		TBQ-2-B	CMP6	CMP11	FS-S6
物理参数	外形尺寸（宽×高）	78 mm×84 mm	79 mm×92.5 mm	79 mm×92.5 mm	79 mm×93 mm
	遮阳罩直径	168 mm	150 mm	150 mm	150 mm
	感应面高	55 mm	68 mm	68 mm	68 mm
	重量	1.3 kg	0.6 kg	0.6 kg	0.6 kg

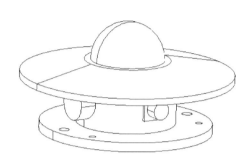

图 5.12-2　TBQ-2-B 型总辐射传感器
外形结构示意

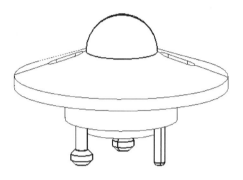

图 5.12-3　CMP6 与 CMP11 型总辐射传感器
外形结构示意

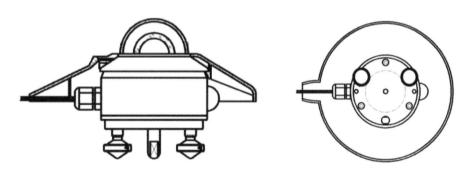

图 5.12-4　FS-S6 型总辐射传感器外形结构示意图

5.12.3　安装要求

1. 总辐射传感器安装要求

(1)安装地点在全年日出和日落的方位角范围内应无障碍物；障碍物不可避免时,应确保在传感器感应面高度角 5°以上无遮挡。

(2)感应面距地高度 1.5±0.1 m,感应面应处于水平状态。

(3)传感器接线柱方向应朝北,以避免阳光照射产生感应热电势。

2. 散射辐射传感器安装要求

(1)～(3)同总辐射传感器安装要求(1)～(3)。

(4)应采用遮光装置遮挡太阳直接辐射。

3. 反射辐射传感器安装要求

(1)安装地点的下垫面应保持自然完好状态,传感器视角范围内应无遮挡。

(2)感应面距地高度 1.5±0.1 m,感应面应处于水平向下状态。

(3)传感器接线柱方向应朝北,以避免阳光照射产生感应热电势。

(4)应安装遮光挡板避免阳光照射感应元件。

5.12.4 检测与维修

辐射传感器的常见故障为数据异常或缺测,首先检查业务软件和采集器的相关参数设置是否正确,再逐一排查线缆、传感器、采集器等方面来排除故障。

1. 参数检查

(1)确认业务软件参数设置是否正确;

(2)确认主采集器中是否启用了总辐射(反射辐射、散射辐射)传感器。

输入 SENST_GR ↙

若返回值为 1,表示开启;

若返回值为 0,表示关闭,输入 SENST_GR_1 ↙,将其启用(GR 为总辐射传感器标识符、SR 为散射辐射传感器标识符、RR 为反射辐射传感器标识符)。

2. 供电检查

测量辐射采集器供电电压,正常应为 DC 12 V 左右。

3. 线缆检查

检查辐射采集器通道上的端子接线有无错接,接线是否松动,端子是否损坏。

4. 传感器检查

将辐射采集器上的接线端子取下,用数字万用表直流 200 mV 档测量"信号＋"与"信号－"之间的电压值。

将电压值除以传感器的灵敏度,得出当前的辐照度。如果计算得出的辐照度和实际值基本一致,说明传感器正常。若相差较大,说明传感器故障,需要更换。

5. 辐射采集器检查

若参数、供电、线缆、传感器均正常,应重点检查辐射采集器的通道是否正常。

5.12.5 日常维护

日落后停止观测,传感器需加盖。若夜间无降水或无其他可能损坏仪器的现象发生,传感器也可不加盖。

开启与盖上金属盖时,应特别小心,要旋转到上下标记点对齐,才能开启或盖上。由于石英玻璃罩贵重且易碎,启盖时动作要轻,不要碰玻璃罩。冬季玻璃罩及其周围如附有水滴或其他凝结物,应擦干后再盖上,以防结冻。金属盖一旦冻住,很难取下时,可用吹风机使冻结物融化或采用其他方法将盖取下,但都要仔细,以免损坏玻璃罩。

每日上、下午至少各一次对总辐射表进行如下检查和维护:

1. 仪器是否水平,感应面与玻璃罩是否完好等。

2. 仪器是否清洁,玻璃罩如有尘土、霜、雾、雪和雨滴时,应用镜头刷或麂皮及时清除干净,注意不要划伤或磨损玻璃罩。

3. 玻璃罩不能进水,罩内也不应有水汽凝结物。检查干燥器内硅胶是否变潮(由蓝色变成红色或白色),要及时更换受潮的硅胶。受潮的硅胶,可在烘箱内烤干变回蓝色后再使用。

4. 总辐射表防水性能较好,一般短时间或降水较小时可以不加盖。但降大雨(雪、冰雹等)或较长时间的雨雪时,为保护仪器,观测员应根据具体情况及时加盖,雨停后即把盖打开。

5. 如遇强雷暴等恶劣天气时,也要加盖并加强巡视,发现问题及时处理。

6. 按业务要求定期进行校准。

5.13　直接辐射传感器

直接辐射是指垂直于太阳入射光的平面上接收到的直接来自太阳(不包括经大气散射)的那部分太阳辐射,是波长在 $0.29\sim3.0~\mu\text{m}$ 范围内的短波辐射。气象上观测直接辐射在单位时间内投射到单位面积上的辐射能,即辐照度,以及一段时间(如一天)辐照度的总量或累计量,称为曝辐量。辐照度的单位为瓦/平方米(W/m^2),曝辐量的单位为兆焦耳/平方米(MJ/m^2)。测量直接辐射的仪器有热电型直接辐射传感器、回转遮光辐射传感器等。目前自动气象站中主要使用的是热电式直接辐射传感器。

5.13.1　工作原理

热电型直接辐射传感器的基本原理与总辐射传感器相同。直接辐射传感器具有一个金属遮光筒,其内壁被涂黑并且有几道光栏以减少内部反射和天空杂散光对感应器件的影响。遮光筒的半开敞角为 $2.5°$,使感应面仅能接收太阳表面(视角约 $0.5°$)的辐射和太阳周围很窄的环形天空的散射辐射。如图 5.13-1 所示,圆环 1 范围内所发射的辐射可被传感器的整个感应面所接收,称为全辐照域;圆环 3 以外的辐射无法被感应面接收,称为非辐照域;圆环 2 范围内的辐射可被感应面部分接收,称为部分辐照域或半影区。图中 Z_0 表示半开敞角,Z_1 表示斜角,Z_2 表示极限角。

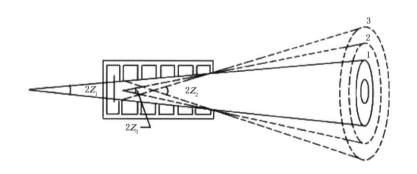

图 5.13-1　直接辐射传感器工作原理

5.13.2　技术参数

自动气象站常用的直接辐射传感器技术参数见表 5.13-1,外形结构见图 5.13-2～图 5.13-4。

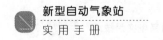
表 5.13-1　直接辐射传感器技术参数表

型号		TBS-2-B	CHP1	FS-D1
生产厂家		华创风云	Kipp&Zonen	江苏省无线电科学研究所有限公司
所应用的自动站型号		DZZ5/DZZ6	DZZ5	DZZ4
测量性能	灵敏度	$7\sim14~\mu V \cdot W^{-1} \cdot m^2$	$7\sim14~\mu V \cdot W^{-1} \cdot m^2$	$7\sim14~\mu V \cdot W^{-1} \cdot m^2$
	内阻	约 100 Ω	10~100 Ω	10~100 Ω
	响应时间	<25 s(99%)	<5 s(95%)	<18 s(95%)
	年稳定性	<±1%	±0.5%	≤±1%
	非线性(0~1000 W/m²)	—	±0.2%	≤±0.5%
	温度系数	—	<0.5%(−20~50℃)	≤±2%(50℃区间)
	光谱范围	0.27~3.2 μm	0.2~4.0 μm	0.3~3.0 μm
	传感器类型	热电堆	热电堆	热电堆
	敞开角	4°	5°±0.2°	5°
电气性能	输出信号	模拟电压	模拟电压 0~15 mV	模拟电压
环境适应性	工作温度范围	−40~70℃	−40~80℃	−40~80℃
物理参数	外形尺寸(长×宽×高)	210 mm×176 mm×20 cm	332 mm×74 mm×76 mm	385.3 mm×66 mm×59 mm
	光筒长度	280 mm	—	—
	支架高度	56 mm	—	—
	重量	4.14 kg(含跟踪装置)	0.9 kg(不包含线缆)	1 kg(不包含线缆)

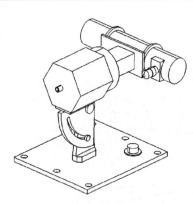

图 5.13-2　TBS-2-B 型直接辐射传感器
外形结构示意图

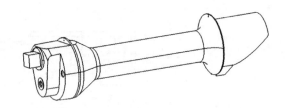

图 5.13-3　CHP1 型直接辐射传感器
外形结构示意图

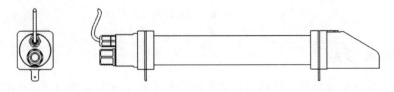

图 5.13-4　FS-D1 型直接辐射传感器外形结构示意图

5.13.3　安装要求

1. TBS-B-2 型直接辐射传感器

(1)直接辐射表应牢固安装在专用的台柱上。安装时必须对准南北向、纬度,调整仪器水平及观测时的赤纬和时间。

(2)仪器安装好后,转动进光筒对准太阳,使光点恰好落在瓷盘黑点中央。

(3)直接辐射表安装好后应试跟踪太阳一段时间,检查其是否准确。

2. CHP1、FS-D1 型直接辐射传感器

(1)直接辐射传感器固定在太阳跟踪器侧面的安装架上。

(2)调整安装架上的固定螺丝与倾角螺丝,使直接辐射传感器与太阳跟踪器的太阳传感器光筒平行。

5.13.4　检测与维修

直接辐射传感器的常见故障为数据异常或缺测,首先检查业务软件和采集器的相关参数设置是否正确,再逐一排查线缆、传感器、采集器等方面的故障。

1. 辐射采集器对准检查

检查直接辐射采集器的光筒上的光点是否落在标记点上。如未对准,需调整(或重新启动)跟踪装置,使直接辐射传感器对准太阳,对准操作仅可在晴天进行。

2. 参数检查

(1)确认业务软件参数设置是否正确;

(2)确认主采集器中是否启用了直接辐射传感器。

输入 SENST_DR↙

若返回值为 1,表示开启;

若返回值为 0,表示关闭,输入 SENST_DR_1↙,将其启用(DR 为直接辐射传感器标识符)。

3. 供电检查

测量辐射采集器供电电压,正常应为 DC 12 V 左右。

4. 线缆检查

检查辐射采集器通道上的端子接线有无错接,接线是否松动,端子是否损坏。

5. 传感器检查

将辐射采集器上的接线端子取下,用数字万用表直流 200 mV 档测量"信号＋"与"信号－"之间的电压值。

用电压值除以传感器的灵敏度,得出当前的辐照度。如果计算得出的辐照度和实际值基本一致,说明传感器正常。若相差较大,说明传感器故障,需要更换。

5.13.5　日常维护

1. TBS-2-B 型直接辐射传感器

(1)每天工作开始时,应检查进光筒石英玻璃窗是否清洁,如有灰尘、水汽凝结物,应及时用软布擦净,切勿改变进光筒位置。

(2)每天上午、下午各检查一次仪器跟踪情况(对光点),遇到特殊天气要经常检查。如有

较大降水、雷暴等恶劣天气不能观测时,要即时加罩,并关掉电源。

(3)转动进光筒对太阳时一定要按操作规程进行,绝不能用力过大,否则易损坏电机。

(4)直接辐射表每月检查的内容与总辐射表基本相同,除检查感应面、进光筒内是否进水、接线柱和导线的连接状况外,还应重点检查仪器安装及跟踪太阳是否准确。

(5)为保持光筒中空气干燥,应定期(6个月左右)更换一次干燥剂,更换时旋开光筒尾部的干燥剂筒即可。

2. CHP1、FS-D1型直接辐射传感器

(1)每周检查直接辐射传感器对光点是否落在圆圈内,若超出圈外需及时对跟踪器进行调整。

(2)每月检查进光筒石英窗口是否清洁,如有灰尘、水汽凝结物,可用吸耳球吹拂或用软布、光学镜片纸擦净,切忌划伤。

(3)每月检查干燥剂,在干燥剂筒指示窗由浅蓝色转变为浅红色时更换干燥剂,更换时旋开光筒尾部的干燥剂筒即可。

(4)按业务要求定期进行校准。

5.14 净全辐射传感器

净全辐射是太阳与大气向下发射的全辐射和地面向上发射的全辐射之差值,也称为净辐射或辐射差额。全辐射是指波长在 $0.29\sim100~\mu m$ 范围内的短波辐射和长波辐射。气象上观测全辐射在单位时间内投射到单位面积上的辐射能,即辐照度,以及一段时间(如一天)辐照度的总量或累计量,称为曝辐量。辐照度的单位为瓦/平方米(W/m^2),曝辐量的单位为兆焦耳/平方米(MJ/m^2)。测量净全辐射的仪器有净全辐射传感器、四分量辐射传感器等。目前自动气象站中主要使用上述两种传感器。

5.14.1 工作原理

净全辐射传感器的基本原理与总辐射传感器相同,但是它的感应元件有上感应面和下感应面。上感应面接收向下的全辐射,下感应面接收向上的全辐射,使热电堆产生正比于净全辐射辐照度的温差电动势。为防止风的影响和保护感应面,净全辐射传感器的上下感应面各有一个对短波辐射和长波辐射透过性好的薄膜罩。净全辐射传感器的感应面对长波辐射和短波辐射的灵敏度不容易做到非常一致,因此,有些净全辐射传感器要求在白天采用全波段灵敏度,夜间采用长波灵敏度。

四分量辐射传感器的工作原理是将总辐射传感器、反射辐射传感器、大气长波辐射传感器、地面长波辐射传感器组成一个整体,分别测量向下和向上的短波辐射、长波辐射,将4个传感器的灵敏度调节至相同,然后将4个输出串(并)联在一起,得到与净全辐射成正比的电动势。也可以分别测量四个辐射成分后根据净全辐射的定义计算得到净全辐射,如下式:

$$E^* = E_g\downarrow + E_L\downarrow - E_r\uparrow - E_L\uparrow \tag{5.1}$$

式中:E^* 为净全辐射;$E_g\downarrow$ 为总辐射;$E_L\downarrow$ 为大气长波辐射;$E_r\uparrow$ 为反射辐射;$E_L\uparrow$ 为地面长波辐射。

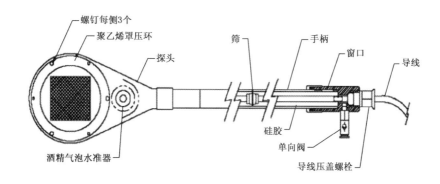

图 5.14-1   净全辐射传感器

5.14.2   技术参数

自动气象站常用的净全辐射传感器技术参数见表 5.14-1,外形结构见 图 5.14-2～图 5.14-4。

表 5.14-1   净全辐射传感器技术参数表

型号		FNP-2	NR-Lite	FS-J1 型
生产厂家		华创风云	Kipp&Zonen	江苏省无线电科学研究所有限公司
所应用的自动站型号		DZZ5	DZZ5	DZZ4
测量性能	灵敏度	$7～14\ \mu V \cdot W^{-1} \cdot m^2$)	$10\ \mu V \cdot W^{-1} \cdot m^2$	$10～40\ \mu V \cdot W^{-1} \cdot m^2$(短波) $5～15\ \mu V \cdot W^{-1} \cdot m^2$(长波)
	温度系数	—	$-0.1\ \% /℃$	<6% （10～40℃）
	内阻	约 200 Ω	—	短波:40～60 Ω 长波:100～400 Ω
	响应时间(95%)	<60 s	<60 s	<18 s
	光谱范围	0.20～100 μm	0.20～100 μm	0.305～2.80 μm(短波) 4.5～50 μm(长波)
	传感器类型	热电堆	热电偶	热电
电气性能	输出信号	模拟电压	模拟电压	模拟电压
环境适应性	工作温度范围	−40～70 ℃	−40～80 ℃	−40～80 ℃
物理参数	外形尺寸	307 mm×120 mm （长×直径）	880 mm×80 mm （长×直径）	263 mm×113 mm×121 mm （长×宽×高）
	重量	860 g	490 g	1300 g

5.14.3   安装要求

1. 安装地点在全年日出和日落的方位角范围内应无障碍物;障碍物不可避免时,应确保

在传感器视角范围内无遮挡。

2. 安装地点的下垫面应保持自然完好状态。

3. 感应面距地高度 1.5 ± 0.1 m,感应面应处于水平状态。

4. 传感器接线柱方向应朝北,以避免阳光照射产生感应热电势。

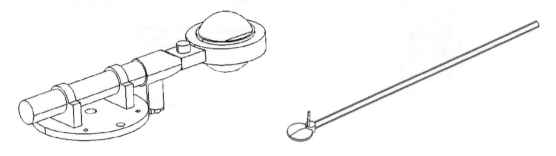

图 5.14-2　FNP-2 型净全辐射传感器　　　图 5.14-3　NR-Lite 型净全辐射传感器
　　　　　外形结构示意图　　　　　　　　　　　　　　外形结构示意图

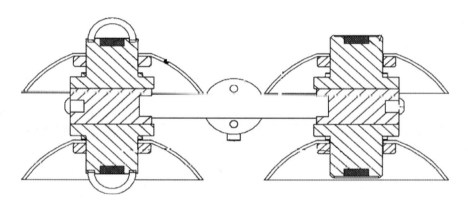

图 5.14-4　FS-J1 型净全辐射传感器外形结构示意图

5.14.4　检测与维修

净全辐射传感器的常见故障为数据异常或缺测,首先检查业务软件和采集器的相关参数设置是否正确,再逐一排查线缆、传感器、采集器等方面的故障。

1. 参数检查

(1)确认业务软件参数设置是否正确;

(2)确认主采集器中是否启用了净全辐射传感器。

输入 SENST_NR↙

若返回值为 1,表示开启;

若返回值为 0,表示关闭,输入 SENST_NR_1↙,将其启用(NR 为净全辐射传感器标识符)。

2. 供电检查

测量辐射采集器供电电压,正常应为 DC 12 V 左右。

3. 线缆检查

检查辐射采集器通道上的端子接线有无错接,接线是否松动,端子是否损坏。

4. 传感器检查

用辐射采集器上的接线端子取下,用数字万用表直流 200 mV 档测量"信号＋"与"信号－"之间的电压值。

用电压值除以传感器的灵敏度,得出当前的辐照度。净全辐射传感器灵敏度有昼夜之分,选取时须注意。如果计算得出的辐照度和实际值基本一致,说明传感器正常。若相差较大,说明传感器故障,需要更换。

5. 辐射采集器检查

若参数、供电、线缆、传感器均正常,应重点检查辐射采集器的通道是否正常。

5.14.5　日常维护

1. FNP-2 型净全辐射传感器

(1)每日上、下午至少各检查一次仪器状态外,夜间还应增加一次检查。

(2)检查传感器感应面是否水平。

(3)检查薄膜罩是否清洁和呈半球凸起。罩外部如有水滴,应用脱脂棉轻轻抹去,若有尘埃、积雪等,可用橡皮球打气,使罩凸起并排除湿气。

(4)遇有雨、雪、冰雹等天气时,应将上下金属盖盖上,加盖条件同总辐射表,稍大的金属盖在上,以防雨水流入下盖内。降大雨时应另加防雨装置。降水停止后,要及时开启。

(5)注意保持下垫面的自然和完好状态。平时不要乱踩草面,降雪时要尽量保持积雪的自然状态。

2. NR-Lite、FS-J1 型净全辐射传感器

(1)每周检查传感器安装是否水平,及时进行调整。

(2)每月检查传感器窗口是否有灰尘、水汽凝结等污染,及时进行清洁。

(3)按业务要求定期进行校准。

5.15　长波辐射传感器

长波辐射是地球表面、大气、气溶胶和云层所发射的波长范围为 $3\sim100~\mu m$ 的辐射。气象观测中观测大气长波辐射和地面长波辐射。大气长波辐射是大气以长波形式向下发射的那部分辐射,又称大气逆辐射;地面长波辐射是地球表面以长波形式向上发射的辐射(包括地面长波反射辐射)。气象上观测长波辐射在单位时间内投射到单位面积上的辐射能,即辐照度,以及一段时间(如一天)辐照度的总量或累计量,称为曝辐量。辐照度的单位为瓦/平方米(W/m^2),曝辐量的单位为兆焦耳/平方米(MJ/m^2)。测量长波辐射的仪器为长波辐射传感器。

5.15.1　工作原理

长波辐射传感器的基本工作原理和热电型总辐射传感器相同(见图 5.15-1),但是,它的玻璃罩采用阻挡短波、通过长波的硅罩。由于传感器的感应面自身也在向外发射长波辐射,因

此其热电堆输出的电动势将正比于感应面接收的长波辐射辐照度(长波入射辐照度)以及向外发射的长波辐射辐照度(长波出射辐照度)之差。为补偿长波辐射的发射损失,通过一只测温元件测量感应面温度(腔体温度),根据下式计算长波出射辐照度:

$$E{\uparrow} = \sigma T_b^4,$$

式中 $E{\uparrow}$:长波出射辐照度;σ:斯特藩-玻尔兹曼常数,5.6697×10^{-8} W·m^{-2}·K^{-4};T_b:仪器腔体绝对温度。

根据下式计算被测长波辐射辐照度:

$$E{\downarrow} = E* + E{\uparrow}$$

式中 $E{\downarrow}$:被测长波辐射辐照度;$E*$:根据电动势和灵敏度计算的长波辐射辐照度;$E{\uparrow}$:长波出射辐照度。

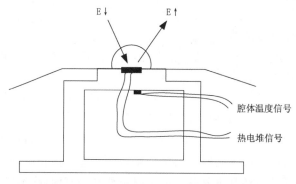

图 5.15-1　长波辐射传感器工作原理

测量大气长波辐射时,长波辐射传感器的感应面向上安装;测量地面长波辐射时,感应面向下安装即可。

5.15.2　技术参数

自动气象站常用的长波辐射传感器技术参数见表 5.15-1,外形结构见图 5.15-2。

表 5.15-1　长波辐射传感器技术参数表

型号			FS-T1
生产厂家			江苏省无线电科学研究所有限公司
所应用的自动站型号			DZZ4
测量性能		灵敏度	$7 \sim 14\ \mu$V·W^{-1}·m^2
		响应时间(95%)	<30 s
		年稳定性	<±3%
		非线性	<±1%
		倾斜响应	<±1%
		辐照度	$0 \sim 2000$ W/m^2
		光谱范围	$4.5 \sim 420\ \mu$m
		温度系数	±1%（$-20 \sim 25$℃）
		温度传感器	Pt100 或 NTC10K

型号		FS-T1
电气性能	输出信号	模拟电压 0～30 mV
环境适应性	工作温度范围	−40～80℃
物理参数	外形尺寸	78 mm×46 mm(长×宽)
	传感器高度	46 mm
	重量	250 g

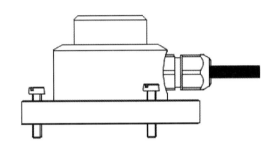

图 5.15-2　FS-T1 型长波辐射传感器外形结构示意图

5.15.3　安装要求

1. 大气长波辐射传感器

(1)安装地点在全年日出和日落的方位角范围内应无障碍物;障碍物不可避免时,应确保在传感器感应面高度角 5°以上无遮挡。

(2)感应面距地高度 1.5±0.1 m,感应面应处于水平状态。

(3)应采用遮光装置遮挡太阳直接辐射。

(4)传感器接线柱方向应朝北,以避免阳光照射产生感应热电势。

2. 地面长波辐射传感器

(1)安装地点的下垫面应保持自然完好状态,传感器视角范围内应无遮挡。

(2)感应面距地高度 1.5±0.1 m,感应面应处于水平向下状态。

(3)传感器接线柱方向应朝北,以避免阳光照射产生感应热电势。

(4)应安装遮光挡板避免阳光照射感应元件。

5.15.4　检测与维修

长波辐射传感器的常见故障为数据异常或缺测,首先检查业务软件和采集器的相关参数设置是否正确,再逐一排查线缆、传感器、采集器等方面的故障。

1. 参数检查

(1)确认业务软件参数设置是否正确;

(2)确认主采集器中是否启用了大气长波辐射、地面长波辐射传感器。

输入 SENST_AR↙

若返回值为 1,表示开启;

若返回值为 0,表示关闭,输入 SENST_AR_1 ✓,将其启用(AR 为大气长波辐射传感器标识符、TR 为地面长波辐射传感器标识符)。

2. 供电检查

测量辐射采集器供电电压,正常应为 DC 12 V 左右。

3. 线缆检查

检查辐射采集器通道上的端子接线有无错接,接线是否松动,端子是否损坏。

4. 传感器检查

将辐射采集器上的接线端子取下,用数字万用表直流 200 mV 档测量"信号+"与"信号—"之间的电压值。

用电压值除以传感器的灵敏度,得出当前的辐照度。如果计算得出的辐照度和实际值基本一致,说明传感器正常。若相差较大,说明传感器故障,需要更换。

5. 辐射采集器检查

若参数、供电、线缆、传感器均正常,应重点检查辐射采集器的通道是否正常。

5.15.5　日常维护

每日上、下午至少各一次对长波辐射表进行如下检查和维护:

1. 仪器是否水平,入射窗口是否完好。

2. 仪器是否清洁,入射窗口如有尘土、霜、雾、雪和雨滴时,应用镜头刷或麂皮及时清除干净,注意不要划伤或磨损感应面。

3. 按业务要求定期进行校准。

第6章 综合集成硬件控制器

本章以 DPZ1 型综合集成硬件控制器为例,对综合集合硬件控制器的通信设备及其检测维修作以简要介绍。

DPZ1 型综合集成硬件控制器由北京华云东方探测技术有限公司生产,具有通信控制、光电转换、串口传输等功能模块,集成自动气象站和辐射、云、天气现象等观测设备,通过光纤传输数据。其配置见表 6.1-1。

表 6.1-1 DPZ1 型综合集成硬件控制器配置表

部件分类	部件名称	部件型号
通信设备	通信控制模块	CC
	光电转换模块	PCM
	串口传输模块	STM
	电源适配器	CH1812-B
	光纤传输模块 A(选配)	OFTMA
	光纤传输模块 B(选配)	OFTMA

6.1 通信设备

1. 通信控制模块

通信控制模块支持 RS-232/485/422 三种接入方式。其技术性能指标见表 6.1-2,外观及接口布置见图 6.1-1。

表 6.1-2 DPZ1 型通信控制模块技术性能指标

通信接口	RS-232/485/422 接口	8 个
	RJ45 接口	4 个(1 个为 8 串口转以太网接口,3 个为以太网转光纤接口)
	ST 光纤收发接口	1 组
	RS-232 DB9 母口	1 个
	USB 口	2 个(调试和预留)
	SD 卡插槽	1 个(数据存储)
其他接口	电源指示灯	2 个
	状态指示灯	7 个
	RS-232/485/422 接口指示灯	8 个
	ST 光纤接口指示灯	2 组
	系统按键	2 个(系统复位和恢复出厂设置)
通信参数	通信距离	最大有线传输距离≥500 m
	通信防雷	内部采用光电隔离和浪涌保护,抑制电磁干扰

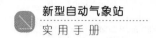

续表

电气性能	功耗	8 W
	串口数据缓存大小	7 kB
	存储卡容量	1 GB
环境适应性	工作环境温度	−40～60℃

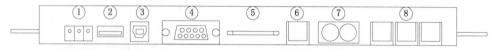

① 3位可插拔接线端子（DC 9～15 V供电接口）　⑤ SD卡插槽（数据存储）
② USB母口（A型）（预留）　⑥ RJ45接口（8串口转以太网）
③ USB母口（B型）（调试接口）　⑦ ST光纤收发接口(1300 nm多模光纤)
④ RS-232 DB 9母口（调试接口）　⑧ 3个RJ45接口（以太网转光纤）

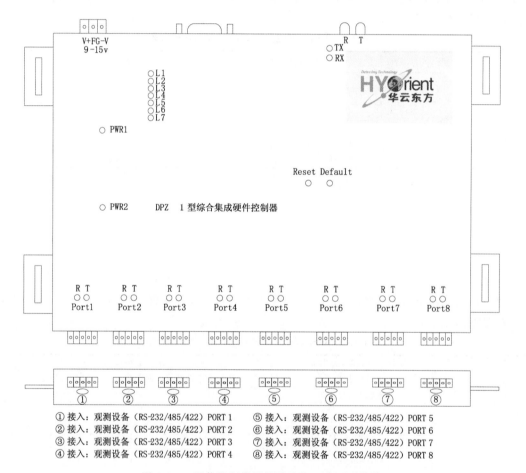

① 接入：观测设备（RS-232/485/422）PORT 1　⑤ 接入：观测设备（RS-232/485/422）PORT 5
② 接入：观测设备（RS-232/485/422）PORT 2　⑥ 接入：观测设备（RS-232/485/422）PORT 6
③ 接入：观测设备（RS-232/485/422）PORT 3　⑦ 接入：观测设备（RS-232/485/422）PORT 7
④ 接入：观测设备（RS-232/485/422）PORT 4　⑧ 接入：观测设备（RS-232/485/422）PORT 8

图 6.1-1　通信控制模块外观及接口布置示意图

表 6.1-3　DPZ1 型通信控制模块面板指示说明

序号	面板标识	功能描述
1	PWR1	电源指示灯,设备正常工作时常亮
2	PWR2	电源指示灯,设备正常工作时常亮

序号	面板标识	功能描述
3	L1	设备启用正常运行后闪烁,系统启动指示灯
	L7	恢复出厂设置指示灯,恢复出厂设置成功后闪烁 1 次
4	Tx	光纤数据发送指示灯,通信正常时常亮
	Rx	光纤数据接收指示灯,通信正常时闪烁
5	R	串口数据接收指示灯,有数据传输时闪烁
	T	串口数据发送指示灯,有数据传输时闪烁
6	Reset	系统复位按键,长按 1 秒钟系统重启
	Default	恢复出厂设置按键,长按 5 秒钟恢复出厂设置成功

2. 光电转换模块

光电转换模块通常放置在室内,实现 100Base-TX(RJ45)和 100Base-FX(光纤信号)的转换,通过光纤与室外通信控制模块连接通信,采用 DC 9～15 V 供电,具有 3 个 RJ45 接口和 1 组 ST 光纤收发接口,3 个 RJ45 接口支持 10/100M、全双工、半双工自适应。光纤接口采用 ST 接头,支持 1300 nm 多模光纤。外观及接口布置见图 6.1-2。

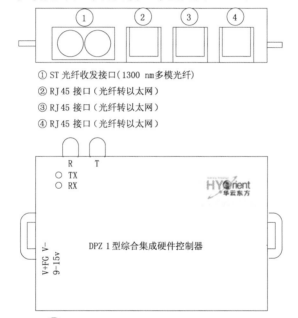

① ST 光纤收发接口(1300 nm 多模光纤)
② RJ45 接口(光纤转以太网)
③ RJ45 接口(光纤转以太网)
④ RJ45 接口(光纤转以太网)

⑤ 3 位可插拔接线端子(DC 9～15 V 供电接口)

图 6.1-2　光电转换模块外观及接口布置示意图

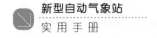

3. 串口传输模块

串口传输模块支持三种串行通信方式动态切换,可灵活配置、手动拔插,在内部集成了串口隔离保护器,采用光电隔离,设备与系统之间只有光传送,没有电接触,可抑制干扰和浪涌。外观及接口布置见图 6.1-3,通信线接口说明见表 6.1-4。

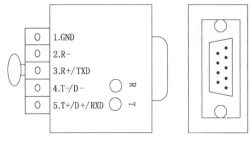

图 6.1-3 串口传输模块外观及接口布置示意图

表 6.1-4 DPZ1 型通信控制模块面板指示说明

脚号	定义
1	GND
2	422RX−
3	422RX＋/232TXD
4	422TX−/485A−
5	422TX＋/485A＋/232RXD

6.2 检测与维修

DPZ1 型综合集成硬件控制器正常工作情况下指示灯状态见表 6.1-3。当设备出现故障时,可根据检测设备状态指示灯、上位机驱动等判别故障分类并进行维修。

1. 硬件设备检查

根据设备面板指示灯显示状态,判断设备是否工作正常。硬件设备故障检测流程见图 6.1-4。

检测步骤:

(1)PWR1、PWR2 为设备供电状态指示灯,正常运行时常亮,若不亮需检查供电电源的电压是否正常。

(2)L1 为设备运行状态指示灯,正常运行时闪亮,若不亮说明内核系统工作异常,重启设备仍不能解决,需要更换备件。

(3)TX、RX 为光纤信号收发指示灯,正常运行时,TX 常亮、RX 闪亮,若异常需检查光纤、观测场内通信控制模块、室内光电转换模块是否异常,确定问题后更换备件。

(4)R、T 为接入综合集成硬件控制器设备数据收发状态指示,若当数据收发时不亮,需更换串口传输模块。

2. 驱动软件检查

驱动软件故障时,表现为发送命令 T 指示灯不亮,命令发送失败。驱动软件检查流程见图 6.1-5。

检测步骤:

(1)首先,检查驱动软件连接设备是否正常,如能 ping 通设备,表示驱动软件异常,需重新安装驱动;如不能 ping 通设备,表示设备 IP 地址错误或者硬件设备故障,需检查 IP 地址和设备状态。

(2)驱动软件连接设备成功后,检查相应串口配置信息是否正确,需配置正确的通信方式

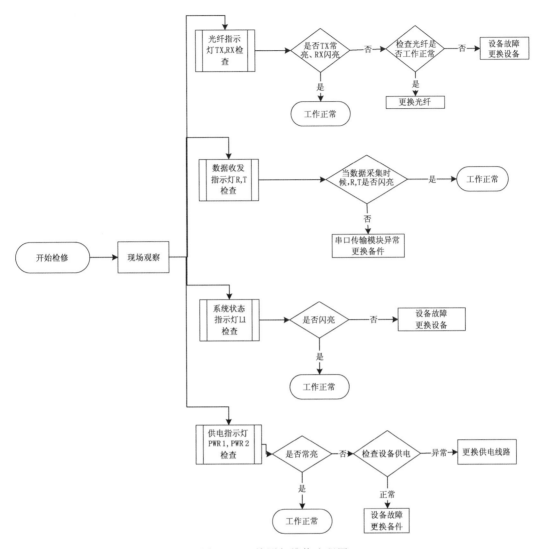

图 6.1-4　检测与维修流程图

及波特率等信息。

（3）comtonet、nettocom 是控制数据收发的两个服务，当数据没有收发时，需要检查者两个服务的状态。

（4）Windows 防火墙需要关闭的情况下，能保证设备数据的稳定传输。

（5）驱动软件虚拟串口信息在计算机－管理－设备管理器中可以查看，当出现问题时，会有一个黄色的感叹号代表驱动没有安装成功，需重新安装。

（6）一个局域网内只允许一台电脑访问硬件设备，当一个局域网内两台电脑同时安装了驱动软件，会导致数据收发异常，通过查看计算机与设备之间的 TCP/IP 端口状态可以判断是否局域网内驱动冲突。

3. 其他故障

（1）数据缺测：当出现数据缺测后，检查系统时间和采集器的时间是否一致，当出现时间偏差后，会导致缺测。

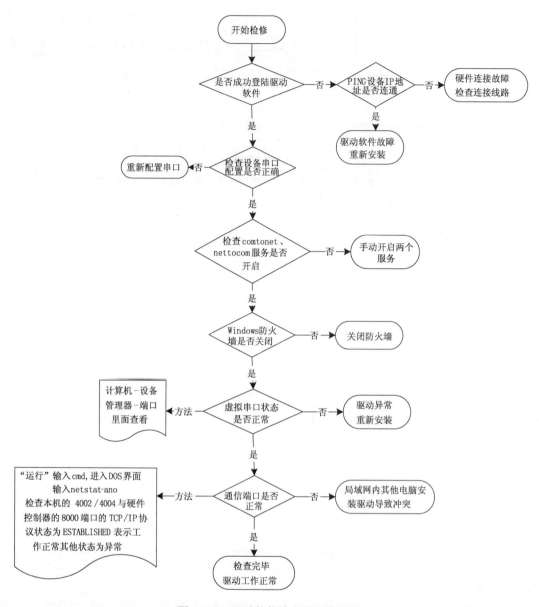

图 6.1-5 驱动软件检查检测流程图

(2)设备死机:数据传输中断需要重新启动硬件设备才能恢复,需要跟厂家联系,进行维修。

第7章　新型自动气象站

新型自动气象站是地面自动气象观测系统的重要组成部分。本章介绍自动观测业务系统在用的DZZ3型、DZZ4型、DZZ5型、DZZ6型和DZZ1-2型等5种自动气象站,内容包括:采集系统、通信系统、供电系统、检测维修。

新型自动气象站型号及生产厂家见表7-1。

表 7-1　自动气象站型号及生产厂家

型号	生产厂家
DZZ3 型	上海长望气象科技股份有限公司
DZZ4 型	江苏省无线电科学研究所有限公司
DZZ5 型	华云升达(北京)气象科技有限责任公司
DZZ6 型	中环天仪(天津)气象仪器有限公司
DZZ1-2 型	广东省气象计算机应用开发研究所

7.1　DZZ3 型自动气象站

DZZ3型自动气象站由上海长望气象科技股份有限公司研制。其配置见表7.1-1。

表 7.1-1　DZZ3 型自动气象站配置表

部件分类	部件名称	部件型号
传感器	气温传感器	WZP1
	湿度传感器	DHC3
	风速传感器	EL15-1C
	风向传感器	EL15-2C
	气压传感器	PTB210
	雨量传感器	SL3-1
	蒸发传感器	AG2.0
	地温传感器	WZP1
	称重式降水传感器	DSC1/DSC2/DSC3
	能见度传感器	DNQ1/DNQ2/DNQ3
	雪深传感器	DSS1/DSJ1

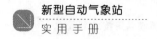
续表

部件分类	部件名称	部件型号
采集设备	主采集箱	DZZ3
	地温分采集箱	DZZ3-地温
	主采集器	CAMS-MA
	温湿度分采集器	CAMS-TH
	地温分采集器	CAMS-ST
通信设备	光纤转换模块	MWF101
	综合集成硬件控制器	DPZ1
	综合集成硬件控制器箱	DPZ1
电源设备	电源箱	DZZ3-电源

7.1.1　采集设备

1. 数据采集器

(1)CAMS-MA 主采集器

CAMS-MA 主采集器可挂接气象要素传感器和分采集器。其技术性能指标见表 7.1-2，外观及接口布置见图 7.1 1。

表 7.1-2　主采集器技术性能指标

MCU 特性	处理器	32 位 ARM9 系列 ATMEL AT91SAM9263
	处理器主频	最高 200 MHz
测量性能	A/D 转换精度	16 位,1/65535
时钟性能	实时时钟	误差小于 15 s/月
传感器接口	气温(预留)	1 个模拟通道,用于测量铂电阻值
	湿度(预留)	1 个模拟通道,用于测量电压值
	辐射(预留)	1 个模拟通道,用于测量电压值
	蒸发	1 个模拟通道,接入 AG2.0 型蒸发传感器
	气压	1 个 RS-232 接口,接入 PTB210 型气压传感器
	风向	7 位数字通道,接入 EL15-2C 型风向传感器
	风速	1 个计数通道,接入 EL15-1C 型风速传感器
	翻斗雨量	1 个计数通道,接入 SL3-1 型翻斗雨量传感器
	能见度	1 个 RS-232 接口,接入能见度传感器
	称重降水	1 个 RS-232 接口,接入称重式降水传感器
	雪深	1 个 RS-232 接口,接入雪深传感器
	门开关	1 个数字通道
通信接口	RS-232	4 个
	RS-485	1 个

通信接口	CAN	1个
	RJ45	1个
	USB-HOST	2个
	USB-DEV	1个
其他接口	指示灯	系统指示灯 CF卡指示灯
	编程接口	2个
	外存储器接口	1个CF卡接口
	电源输出	6个
电气性能	供电电压	DC 12 V
	功耗	＜1.08 W
环境适应性	工作温度范围	−50～80℃
监测功能	主板温度测量	具备
	主板电压测量	具备
	交流供电检测	具备
	机箱门状态检测	具备
物理参数	尺寸	208 mm×105 mm×44 mm
	重量	900 g

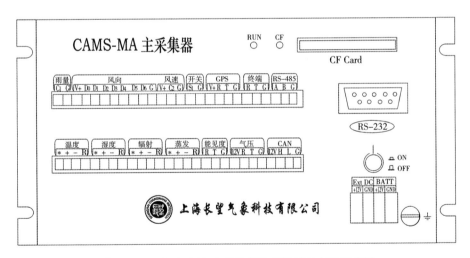

图 7.1-1　CAMS-MA 主采集器外观及接口布置示意图

（2）CAMS-TH 温湿度分采集器

CAMS-TH 温湿度分采集器可挂接气温和湿度传感器，通过 CAN 总线接入主采集器。其技术性能指标见表 7.1-3，外观及接口布置见图 7.1-2、内部连线见图 7.1-3。

表 7.1-3　温湿度分采集器技术性能指标

MCU 特性	处理器	ARM CORTEX 系列
测量性能	A/D 转换精度	16 位,1/65535
时钟性能	实时时钟	误差<15 s/月
传感器接口	气温	1 个模拟通道,接入 WZP1 型温度传感器
	湿度	1 个模拟通道,接入 DHC3 型湿度传感器
通信接口	RS-232	1 个
	CAN	1 个
其他接口	编程接口	可通过串行接口 RS-232 在线编程
	电源输出	1 个
电气性能	供电电压	DC 12 V
	功耗	<0.20 W
环境适应性	工作温度范围	−50～80℃
监测功能	主板温度测量	具备
	主板电源电压测量	具备
	传感器状态监测	具备
物理参数	尺寸	150 mm×64 mm×34 mm
	重量	600 g

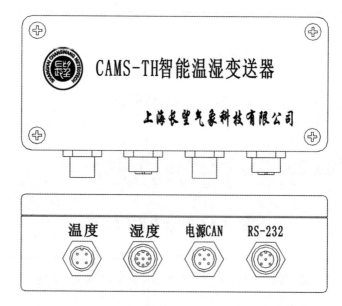

图 7.1-2　CAMS-TH 温湿度分采器外观及接口布置示意图

CAMS-TH 温湿度分采集器的接口引脚定义见表 7.1-4～表 7.1-7。

表 7.1-4　温湿度分采集器温度插座接线表

序号	电缆引线				采集器端子	
	针脚号	颜色	定义	标示	标示	定义
1	1	红	铂电阻脚 A	*	*	恒流源输出
2	2	红	铂电阻脚 A	+	+	模拟量输入+
3	3	白	铂电阻脚 B	—	—	模拟量输入—
4	4	白	铂电阻脚 B	R	R	恒流源回路

表 7.1-5　温湿度分采集器湿度插座接线表

序号	电缆引线				采集器端子	
	针脚号	颜色	定义	标示	标示	定义
1	2	棕	直流 12 V 电源	*	*	直流 12 V 电源输出
2	8	红	湿度输出电压	+	+	模拟量输入+
3	4	黄	湿度信号地	—	—	模拟量输入—
4	3	绿	湿度电源地	R	R	电源地
5	6		（铂电阻脚 A）	（*）	*	恒流源输出
6	1		（铂电阻脚 A）	（+）	+	模拟量输入+
7	7		（铂电阻脚 B）	（—）	—	模拟量输入—
8	5		（铂电阻脚 B）	（R）	R	恒流源回路

说明：表中针脚号 1、5、6、7 定义了预留的功能。

表 7.1-6　温湿度分采集器供电/CAN 插座接线表

序号	电缆引线				采集器端子	
	针脚号	颜色	定义	标示	标示	定义
1	1	—	—	—		
2	2	白	直流 12 V 电源	12 V	12 V	直流 12 V 电源
3	3	蓝	电源地	G	G	电源地
4	4	黑	CANH	H	H	CANH
5	5	灰	CANL	L	L	CANL

表 7.1-7　温湿度分采集器 RS-232 插座接线表

序号	电缆引线				采集器端子	
	针脚号	颜色	定义	标示	标示	定义
1	1	—	—	—		
2	2	白	R	R	R	数据接收
3	3	蓝	T	T	T	数据发送
4	4	—	—	—		
5	5	灰	G	G	G	接地

注：转接线 DB9 孔端针脚按标准定义。

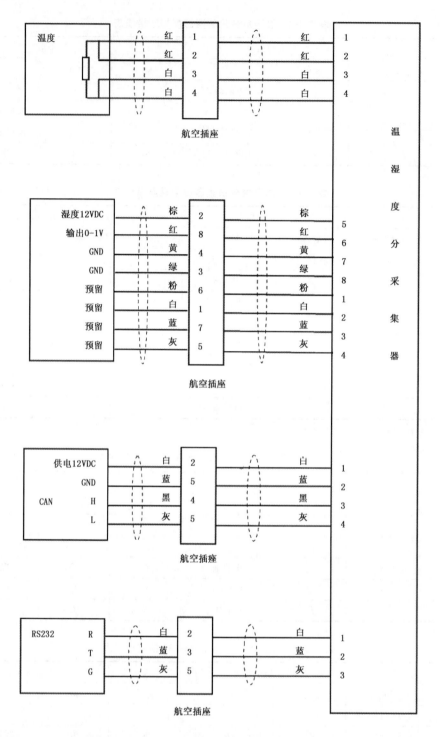

图 7.1-3 CAMS-TH 温湿度分采集器内部连线图

(3)CAMS-ST 地温分采集器

CAMS-ST 地温分采集器可接入草面温度、地面温度、浅层地温、深层地温传感器,通过
CAN 总线接入主采集器。其技术性能指标见表 7.1-8,外观及接口布置见图 7.1-4。

表 7.1-8　地温分采集器技术性能指标

MCU 特性	处理器	ARM CORTEX 系列
测量性能	A/D 转换精度	16 位,1/65535
时钟性能	实时时钟	<15 s/月
传感器接口	温度	10 个模拟通道,接入 WZP1 型温度传感器
通信接口	RS-232	1 个
	CAN	1 个
其他接口	指示灯	4 个
	编程接口	1 个
电气性能	供电电压	DC12 V
	功耗	<0.5 W
环境适应性	工作温度范围	−50～80℃
监测功能	主板温度测量	具备
	主板电源测量	具备
物理参数	尺寸	208 mm×105 mm×44 mm
	重量	850 g

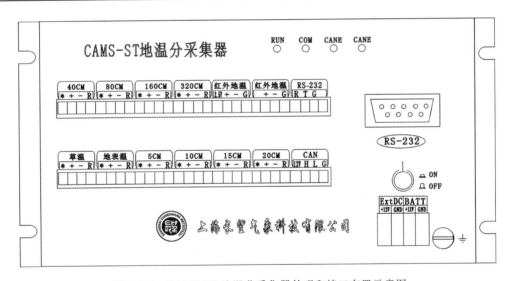

图 7.1-4　CAMS-ST 地温分采集器外观和接口布置示意图

2. 采集器机箱

(1)主采集器机箱

主采集器机箱内安装 CAMS-MA 主采集器、PTB210 气压传感器、光纤转换模块等,外部接口为航空接插件。配有综合集成硬件控制器的自动气象站时,主采集器机箱内不安装光纤转换模块。

通过外部接口,主采集器机箱可接入风向、风速、翻斗式雨量、称重式降水、能见度、蒸发、雪深等传感器以及分采集器,连接电源和综合集成硬件控制器。

主采集器机箱内部结构布局见图 7.1-5,内部连线见图 7.1-6。

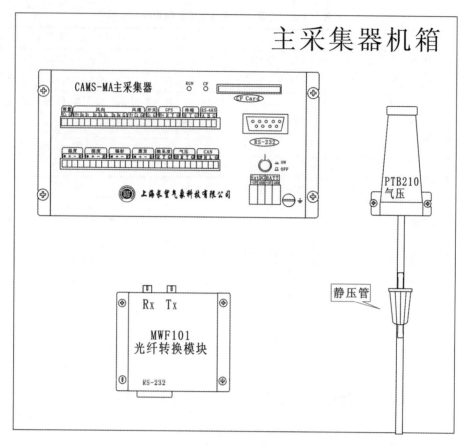

图 7.1-5　主采集器机箱内部结构布局图

(2)地温分采集器机箱

地温分采集器机箱内安装 CAMS-ST 地温分采集器,外部接口为航空接插件。通过外部接口,地温分采集器机箱可接入地温传感器,连接主采集器和电源。

地温分采集器机箱内部结构布局和连线见图 7.1-7。

7.1.2　通信设备

1. MWF101 光纤转换模块

MWF101 光纤转换模块可实现 RS-232 信号转光信号与业务计算机通信,采用 DC 12 V 供电,计算机和光纤转换模块使用标准 RS-232 交叉电缆连接,光纤直连通信连接示意见图 7.1-8。

2. DPZ1 综合集成硬件控制器箱

主采集器可通过综合集成硬件控制器接至业务计算机。

综合集成硬件控制器连线示意见图 7.1-9。

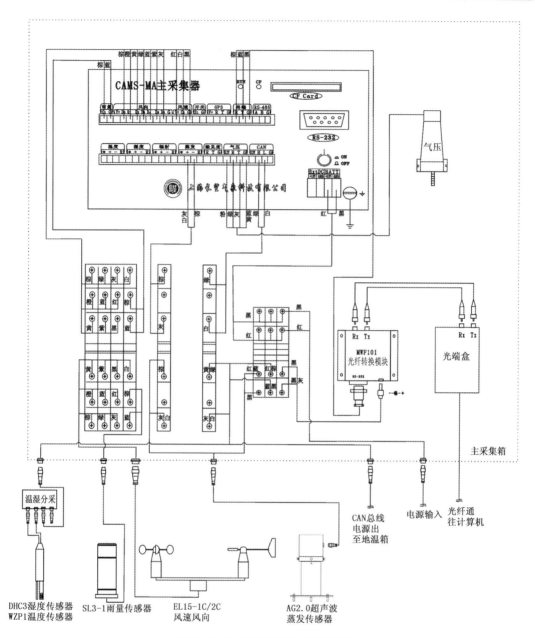

图 7.1-6　主采集器机箱内部连线图

7.1.3　电源设备

DZZ3 电源箱内安装空气开关、浪涌保护器、供电充电控制器、蓄电池等,外部接口为航空接插件(或防水接头)。

通过外部接口,DZZ3 电源箱连接交流电源输入、直流电源输出。

电源箱内部结构见图 7.1-10,内部连线见图 7.1-11。

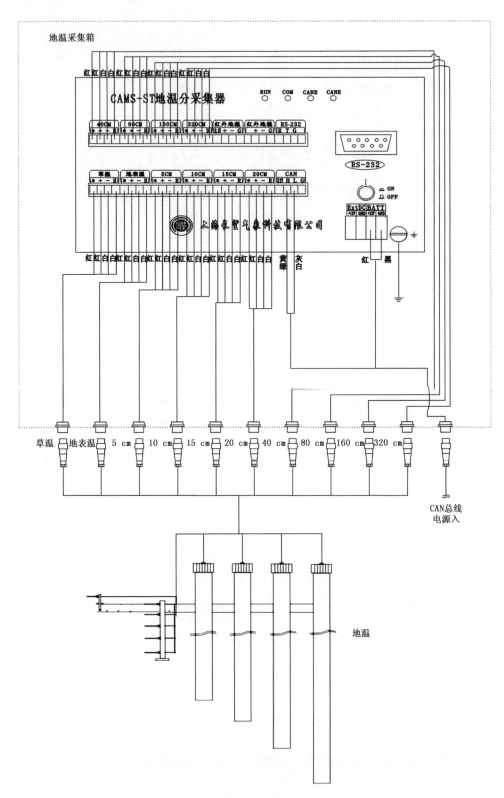

图 7.1-7　地温分采集器机箱内部结构和连线图

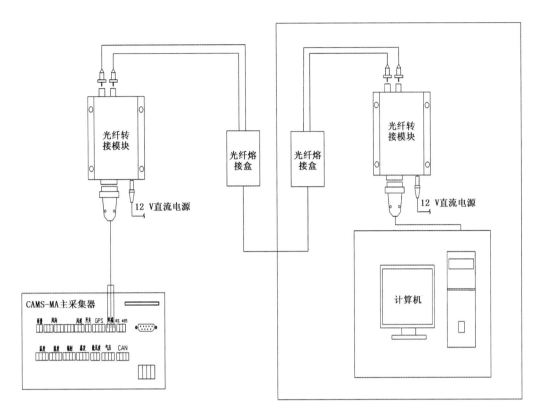

图 7.1-8　光纤直连通信连接图

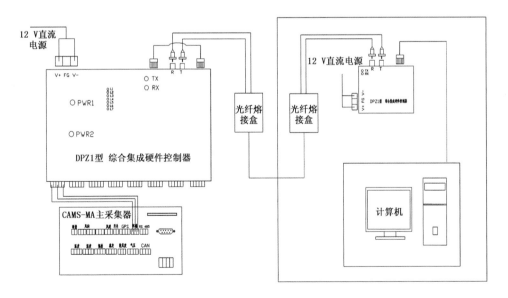

图 7.1-9　综合集成硬件控制器连线示意图

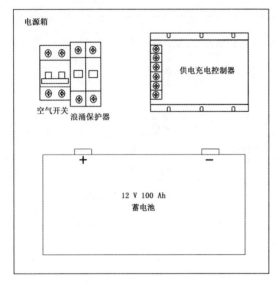

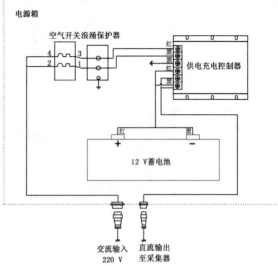

图 7.1-10 电源箱内部结构图   图 7.1-11 电源箱内部连线图

7.1.4 检测与维修

DZZ3 型自动气象站出现故障时,可根据故障现象,检测电源、通信、采集等分系统,判别故障分类并进行维修。检测与维修流程见图 7.1-12。

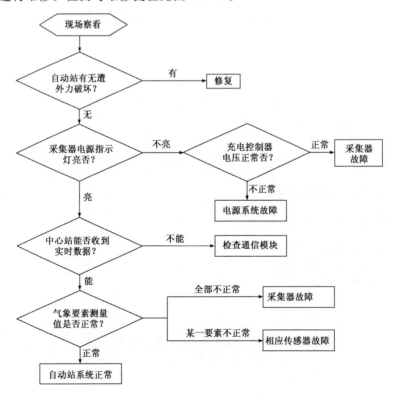

图 7.1-12 检测与维修流程图

1. 电源系统

电源系统正常工作是自动站稳定运行的前提，自动站数据全部缺测时应首先检查电源系统是否故障。电源系统故障检测流程见图 7.1-13。

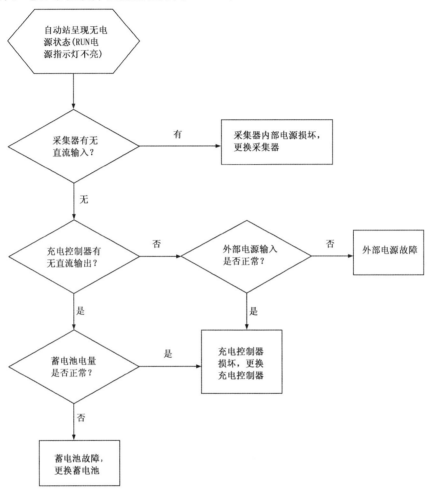

图 7.1-13 供电系统故障检测流程图

检测步骤：

(1)检查开关电源和浪涌保护器状态

空气开关为开表示正常，否则异常。

浪涌保护器指示窗为绿色表示正常，红色表示失效，应更换。

(2)检查外部交流供电

合上空气开关，使用万用表交流电压(750 V)挡测量空气开关和浪涌保护器输入输出端的电压，应在正常工作范围以内(220 V±10%)。

(3)检查蓄电池电压

断开与蓄电池的接线，用万用表直流电压(20 V)挡测量蓄电池正负极间的电压，应在正常工作范围以内(10.8～14.4 V)。

(4)检查主采集器输入电压

取下主采集器电源输入端子,用万用表直流电压(20 V)挡测量端子正、负端之间的电压,应在正常工作范围以内(10.8~14.4 V)。

2. 通信系统

通信系统故障时,表现为主采集器和计算机终端运行正常,但不能相互通信。通信系统故障检测流程见图 7.1-14。

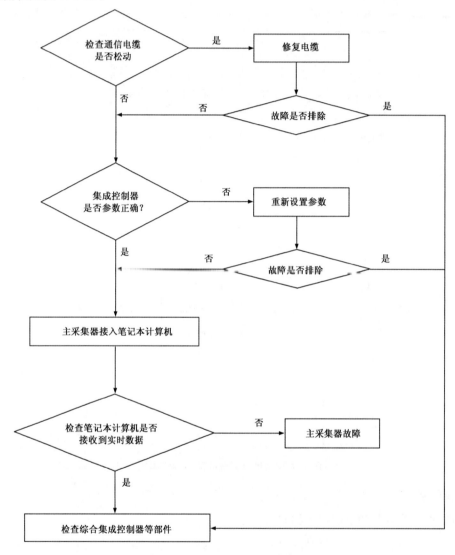

图 7.1-14　通信系统故障检测流程图

检测步骤:

(1)查看通信线缆是否松动、脱落,线序是否正确。

检查顺序:主采集器通信接口→综合集成硬件控制器(或光纤转换模块)→计算机终端通信线缆。

(2)检查主采集器通信口是否能正常输出数据。

以图 7.1-15 所示的接线方式连接计算机和主采集器,运行超级终端或串口调试软件发送

DMGD 命令,根据实时数据返回情况判断主采集器通信是否正常。

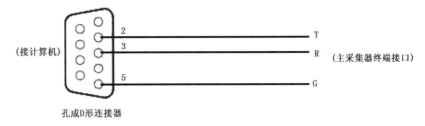

(接计算机)
2 —— T
3 —— R (主采集器终端接口)
5 —— G

孔成D形连接器

图 7.1-15　主采集器终端通信线

(3)使用综合集成硬件控制器的自动站,需检查其参数设置。

3. 主采集器

主采集器故障检测流程见图 7.1-16。

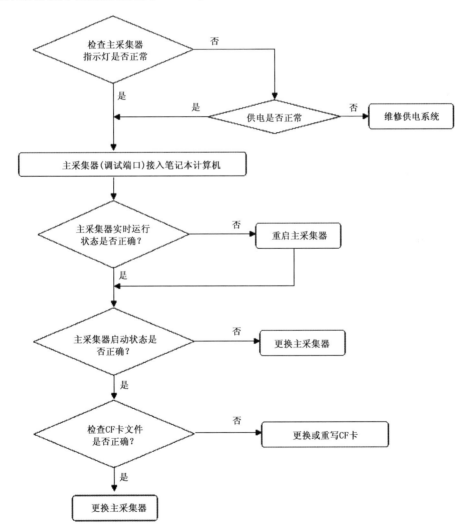

图 7.1-16　主采集器故障检测流程图

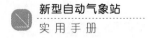
检测步骤：

（1）检查主采集器状态指示灯

RUN 灯：正常工作时，红灯长亮。

CF 卡指示灯：不读写时指示灯不亮，读写时红灯闪烁。

（2）联机检查

a）用两端均为 9 芯孔式串行数据线连接计算机与主采集器的 RS-232 口（DB9 针式接口），见图 7.1-17。

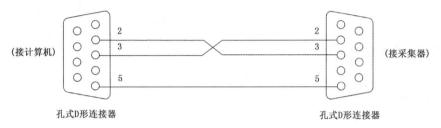

图 7.1-17　计算机与主采集器调试连线

b）打开超级终端或串口调试软件，选择正确的端口，设置通信参数：波特率 115200 bps，数据位 8，奇偶校验无，停止位 1，无数据流控制。

c）查看主采集器实时运行状态

键入命令：ps ↙

主采集器若能正常工作，返回信息见图 7.1-18。

图 7.1-18　主采集器任务列表界面

在任务列表中应包含三个主要的进程：

/tmp/weather、/tmp/weather-sjwj、/tmp/pc485。

如任务列表中缺少上述三个文件的任何一个,则需查看 CF 卡文件是否缺失。如果文件缺失,需重新拷入相关文件。

键入命令:ls␣/tmp/↙

正常情况下,CF 卡中包含文件和文件夹见图 7.1-19。

```
/ # Sun Jan  2 02:18:03 UTC 2000
opening serial port: /dev/ttyAT1
Current RTC date/time is 2000-1-2, 02:18:10.
ls /tmp/
Version.txt    paramete     sample        weather-TO    weather-sjwj
anhui          pc485        weather       weather-WD
data           pcanhui      weather-RAT   weather-WS
/ #
```
已连接 0:04:2(VT100J   115200 8-N-1   SCROLL   CAPS   NUM   嗅 打印

图 7.1-19   主采集器 CF 卡查询界面

d) 查看主采集器启动状态

如果无法进入命令行界面,需重新启动主采集器,查看主采集器的启动状态。

正常情况下,主采集器启动后,自动加载 Linux 操作系统,约 1 min 后系统通过自检进入常规工作模式,约 2 min 后自动发送实时数据至计算机。

当命令行界面显示如图 7.1-20,表明系统未正常启动,打开主采集器上盖,检查主板右侧标记为 J2 的跳线帽是否短接正常。如不正常,可断电后,重新插拔再测试;当命令行界面显示如图 7.1-21,说明 CF 卡未检测到,关闭电源,将 CF 卡重新拔插,再启动主采集器;当命令行界面显示如图 7.1-22,说明系统成功启动,主采集器进入正常工作状态。

图 7.1-20   主采集器启动故障界面

(3) CF 卡文件检查

必要时,可断电后将 CF 卡拔下,在计算机终端检查 CF 卡文件及目录是否完整。

注意:CF 卡作为外设存储器,勿带电插拔,以免影响数据完整性和损坏 CF 卡。

图 7.1-21　主采集器 CF 卡未检测到故障时的界面

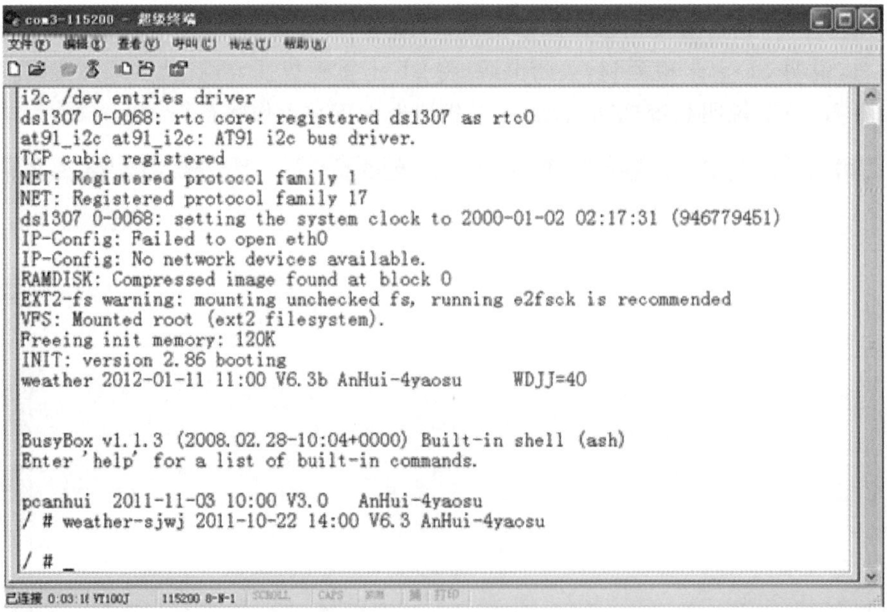

图 7.1-22　主采集器正常启动界面

a）根目录应包括的内容见图 7.1-23。

包括内容：

文件夹：data、paramete、samp；

主执行进程：weather、weather-sjwj、pc485；

各要素采样值显示进程：weather-P、weather-TL1、weather-WD、weather-WS、weather-RAT、weather-TG、weather-LE；

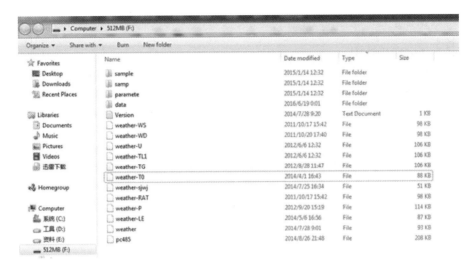

图 7.1-23   主采集器 CF 卡根目录

版本文件：Version

b)data 文件夹应包括分钟、小时文件存储目录，见图 7.1-24。

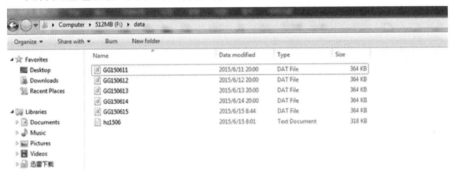

图 7.1-24   主采集器 Data 文件夹目录

分钟数据文件：GGYYMMDD. DAT，每天一个；小时数据文件：hzYYDD. DAT，每月一个。

c)samp 文件夹应包括采样数据文件存储目录。

d)paramete 文件夹应包括参数文件存储目录。

4. 温湿度分采集器

检测步骤：

(1)现场状态检查

检查温湿度分采集器各航空插头及接线端子是否紧固。

(2)联机检查

将计算机与主采集器的 RS-232 接口连接，通过发送命令后的返回信息来判断温湿度分采是否故障。

键入命令：/tmp/weather-tl1 ↙

返回信息分以下几种情况：

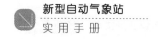

a)温湿数据都正常时见图 7.1-25:气温 25.72℃,湿度 69%。

```
/ #
/ # /tmp/weather-t11
weather 2012-05-23 10:00 V6.2 for jintan
wendu0= a c,2572
humi= 045,69
wendu0= a c,2572
humi= 045,69
wendu0= a c,2572
humi= 045,69
wendu0= a c,2572
```
已连接 0:12:58 自动检测 115200 8-N-1 SCROLL CAPS NUM 捕 打印

图 7.1-25 正常信息返回界面

b)气温异常、湿度正常时,应检查排除气温传感器故障。

c)气温正常、湿度异常时,应检查排除湿度传感器故障。

d)温湿数据都异常时,或因温湿传感器都有故障,或因温湿度分采集器 A/D 转换模块故障,检查并更换温湿度分采集器。

e)如果没有返回数据,可能是温湿度分采集器 CAN 通道发送数据失败,检修 CAN 通道或更换温湿度分采集器。

下面简要介绍一下温湿数据异常简析及处理问题。

(1)气温数据异常

a)气温传感器损坏——更换气温传感器

b)气温传感器屏蔽线未接好——打开航空插头重新接线

c)温湿度分采集器气温通道损坏——更换温湿度分采集器

(2)湿度数据异常

a)湿度传感器损坏——更换湿度传感器

b)温湿度分采集器湿度通道损坏——更换温湿度分采集器

(3)气温、湿度数据都异常

a)温湿度分采集器 A/D 转换模块损坏——更换温湿度分采集器

b)温湿度分采集器 CAN 通道损坏——更换温湿度分采集器

c)温湿 CAN 线未接好——重新接线或更换 CAN 线

5.地温分采集器故障

检测步骤:

(1)现场状态检查

通过地温分采集器的状态指示灯进行判断。

正常工作时,RUN 灯红灯长亮,COM 灯绿灯闪烁,CANE 灯不亮。

CANE1 长亮表示地温分采集器未收到主采集器发送的心跳包。

CANE2 闪烁表示地温分采集器向主采集器传送数据失败。

(2)联机检查

将计算机与主采集器的 RS-232 口连接,发送命令根据返回信息来判断地温分采集器是否故障。

键入命令:/tmp/weather-tg↙

如温度显示异常,判断是地温传感器故障,应更换地温传感器。

如无任何数据显示,判断是地温分采集器 CAN 通道发送数据失败,检修 CAN 通道故障或更换地温分采集器。

7.2 DZZ4 型自动气象站

DZZ4 型自动气象站由江苏省无线电科学研究所有限公司研制。其配置见表 7.2-1。

表 7.2-1 DZZ4 型自动气象站配置表

部件分类	部件名称	部件型号
传感器	气温传感器	WUSH-TW100
	湿度传感器	DHC2
	风速传感器	ZQZ-TFS
	风向传感器	ZQZ-TFX
	气压传感器	DYC1
	雨量传感器	SL3-1
	蒸发传感器	WUSH-TV2
	地温传感器	ZQZ-TW
	称重式降水传感器	DSC1
	能见度传感器	DNQ1/DNQ2/DNQ3
	雪深传感器	DSS1
采集设备	主采集器机箱	DZZ4
	地温分采集器机箱	DZZ4 地温
	主采集器	WUSH-BH
	温湿度分采集器	WUSH-BTH
	地温分采集器	WUSH-BG2
通信设备	光纤通信盒	WUSH-PBF
	网络通信盒	ZQZ-PT2
	综合集成硬件控制器	DPZ1
	综合集成硬件控制器机箱	ZQZ-PT1
电源设备	电源箱	DZZ4-PD

7.2.1 采集设备

1. 数据采集器

(1) WUSH-BH 主采集器

WUSH-BH 主采集器可挂接气象要素传感器和分采集器。其技术性能指标见表 7.2-2,外观及接口布置见图 7.2-1。

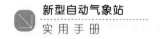
表 7.2-2　主采集器技术性能指标

MCU 特性	处理器	32 位 ARM9 系列 ATMEL AT91SAM9263
	处理器主频	最高 200 MHz
测量性能	A/D 转换精度	24 位
时钟性能	实时时钟	误差＜15 s/月
传感器接口	气温（预留）	1 个模拟通道,用于测量铂电阻值
	湿度（预留）	1 个模拟通道,用于测量电压值
传感器接口	辐射（预留）	1 个模拟通道,用于测量电压值
	蒸发	1 个模拟通道,接入 WUSH-TV2 型蒸发传感器
	气压	1 个 RS-232 接口,接入 DYC1 型气压传感器
	风向	7 位数字通道,接入 ZQZ-TFX 型风向传感器
	风速	1 个计数通道,接入 ZQZ-TFS 型风速传感器
	翻斗雨量	1 个计数通道,接入 SL3-1 型翻斗雨量传感器
	能见度	1 个 RS-485 接口,接入能见度传感器
	称重降水	1 个 RS-485 接口,接入 DSC1 型称重式降水传感器
	雪深	1 个 RS-232 接口,接入 DSS1 型雪深传感器
	门开关	1 个数字通道
通信接口	RS-232	4 个
	RS-485	2 个
	CAN	1 个
	RJ45	1 个
	USB-HOST	2 个
	USB-DEV	1 个
其他接口	指示灯	系统指示灯 CF 卡指示灯
	编程接口	2 个
	外存储器接口	1 个 CF 卡接口
	电源输出	4 个
电气性能	供电电压	DC 12 V
	功耗	＜1 W
监测功能	主板温度测量	具备
	主板电压测量	具备
	交流供电检测	具备
	机箱门状态检测	具备
物理参数	尺寸	208 mm×105 mm×44 mm
	重量	1000 g

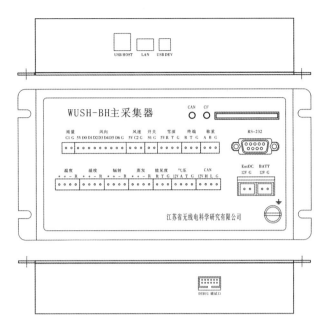

图 7.2-1　WUSH-BH 主采集器外观及接口布置示意图

（2）WUSH-BTH 温湿度分采集器

WUSH-BTH 温湿度分采集器可挂接气温和湿度传感器，通过 CAN 总线接入主采集器。其技术性能指标见表 7.2-3，外观及接口布置见图 7.2-2。

表 7.2-3　温湿度分采集器技术性能指标

MCU 特性	处理器	ARM7 系列
测量性能	A/D 转换精度	24 位
时钟性能	实时时钟	误差＜15 s/月
传感器接口	气温	1 个模拟通道，接入 WUSH-TW100 型温度传感器
	湿度	1 个模拟通道，接入 DHC2 型湿度传感器
通信接口	RS-232	1 个
	CAN	1 个
其他接口	指示灯	3 个
	编程接口	可通过串行接口 RS-232 在线编程
其他接口	电源输出	1 个
电气性能	供电电压	DC 12 V
	功耗	＜0.3 W
环境适应性	工作温度范围	－50～80℃
监测功能	主板温度测量	具备
	主板电源电压测量	具备
	传感器状态监测	具备
物理参数	尺寸	150 mm×64 mm×34 mm
	重量	350 g

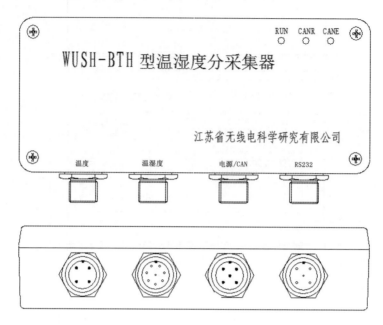

图 7.2-2　WUSH-BTH 温湿度分采器外观及接口布置示意图

WUSH-BTH 温湿度分采集器的接口引脚定义见图 7.2-3,内部连线见图 7.2-4;

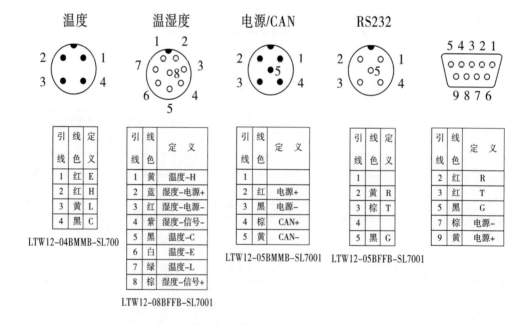

图 7.2-3　温湿度分采集器接口引脚定义

（3）WUSH-BG2 地温分采集器

WUSH-BG2 地温分采集器可挂接草面温度、地面温度、浅层地温、深层地温传感器,通过 CAN 总线接入主采集器。其技术性能指标见表 7.2-4,外观及接口布置见图 7.2-5。

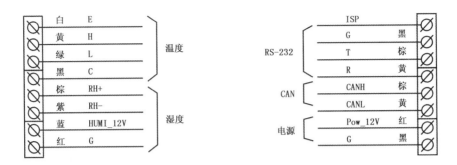

图 7.2-4　WUSH-BTH 温湿度分采集器内部连线图

表 7.2-4　地温分采集器技术性能指标

MCU 特性	处理器	16 位 ARM7 系列
测量性能	A/D 转换精度	24 位
时钟性能	实时时钟	<15 s/月
传感器接口	温度	10 个模拟通道，接入 ZQZ-TW 型温度传感器
通信接口	RS-232	2 个
	CAN	1 个
其他接口	指示灯	4 个
	编程接口	1 个
电气性能	供电电压	DC 12 V
	功耗	<0.5 W
环境适应性	工作温度范围	−50～80℃
监测功能	主板温度测量	具备
	主板电源测量	具备
物埋参数	尺寸	208 mm×105 mm×44 mm
	重量	1000 g

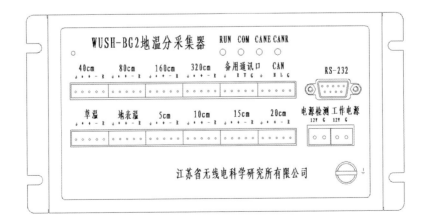

图 7.2-5　WUSH-BG2 地温分采集器外观和接口布置示意图

2. 采集器机箱

(1)主采集器机箱

主采集箱内安装 WUSH-BH 数据采集器、DYC1 气压传感器、光纤转换模块及防雷模块等,外部接口为航空接插件以及光纤接口。

通过外部接口,主采集器机箱可接入风向、风速、翻斗雨量、称重降水、能见度、蒸发、雪深等要素的传感器以及分采集器,连接电源和综合集成硬件控制器。

主采集器机箱内部结构布局见图 7.2-6,外部接口布置见图 7.2-7,主采集器机箱内部连线示意见图 7.2-8～图 7.2-11;主采集器机箱内部连接见图 7.2-12 和图 7.2-13。

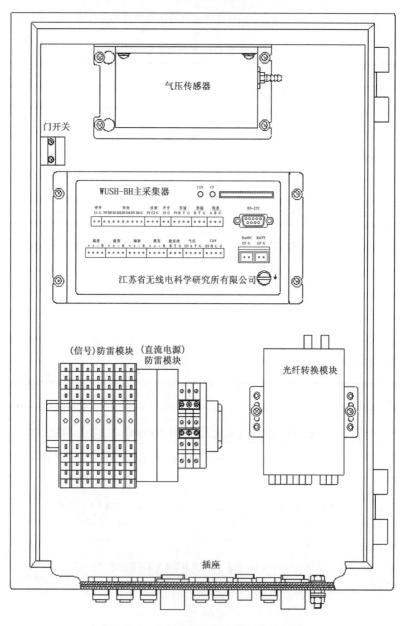

图 7.2-6　主采集器机箱内部结构布局图

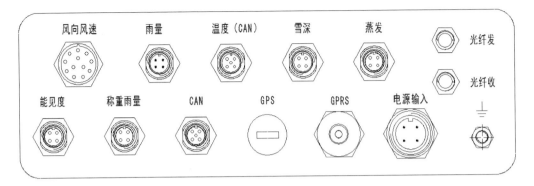

图 7.2-7　主采集器机箱外部接口布置图

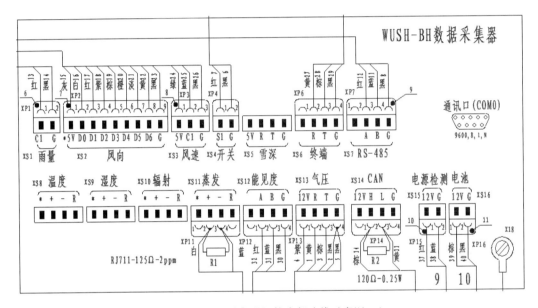

图 7.2-8　主采集器机箱内部连线示意图－1

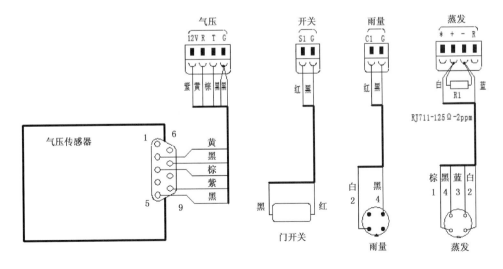

图 7.2-9　主采集器机箱内部连线示意图－2

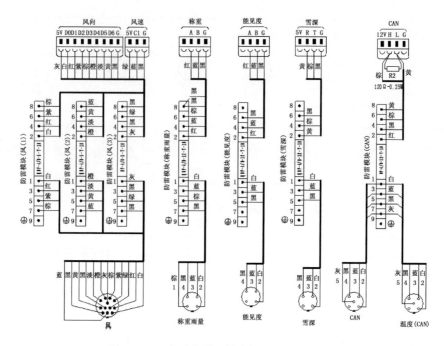

图 7.2-10 主采集器机箱内部连线示意图－3

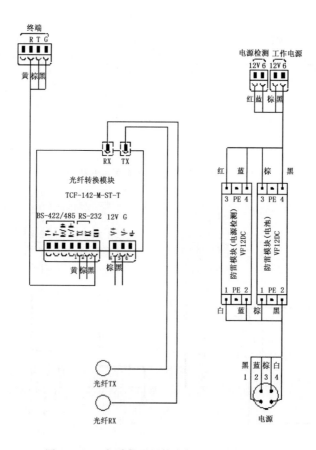

图 7.2-11 主采集器机箱内部连线示意图－4

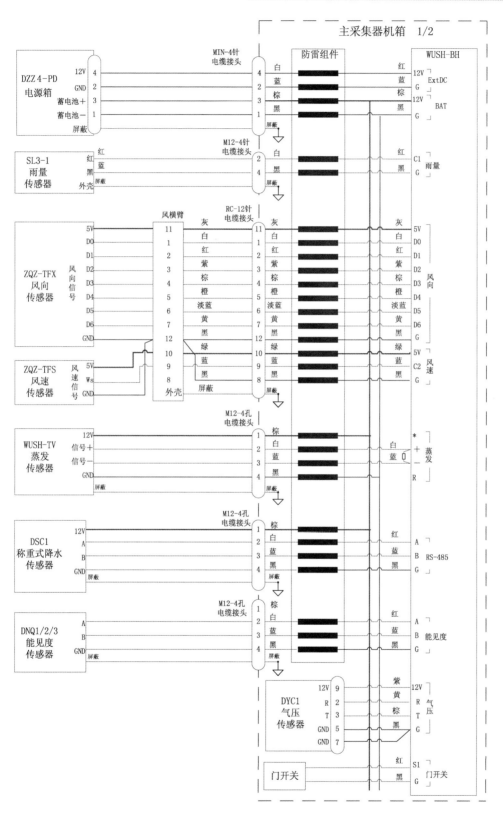

图 7.2-12　主采集器机箱内部连接图－1

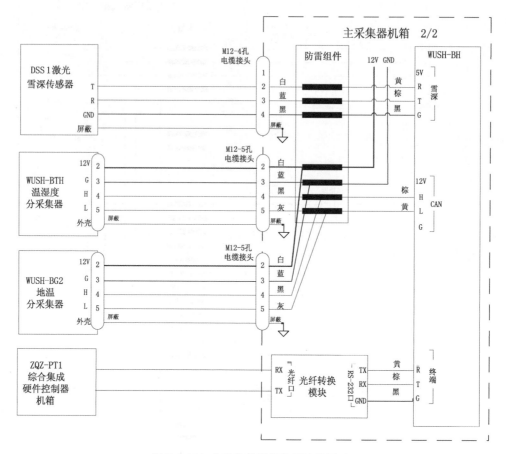

图 7.2-13　主采集器机箱内部连接图－2

（2）地温分采集器机箱

地温分采集器机箱内安装了 WUSH-BG2 地温分采集器、防雷模块等部件，外部接口为航空接插件。也可根据用户需要提供防水接头形式的地温分采集器机箱。通过外部接口，地温分采集器机箱可接入地温传感器，连接主采集器和电源。

地温分采集器机箱内部结构布局见图 7.2-14，外部接口布置见图 7.2-15，内部连线见图 7.2-16。

7.2.2　通信设备

1. WUSH-PBF 光纤通信盒

WUSH-PBF 光纤通信盒可实现 RS-232 信号转光信号与业务计算机通信，采用 AC 220 V 供电，其外观和接口布置见图 7.2-17。计算机和光纤转换模块使用标准 RS-232 交叉电缆连接，光纤直连通信连接示意见图 7.2-18。

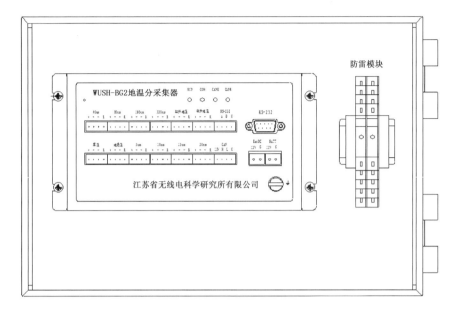

图 7.2-14　地温分采集器机箱内部结构布局图

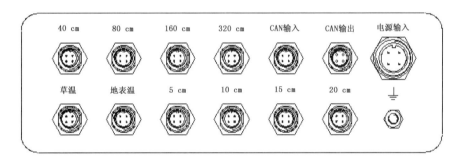

图 7.2-15　地温分采集器机箱外部接口布置图

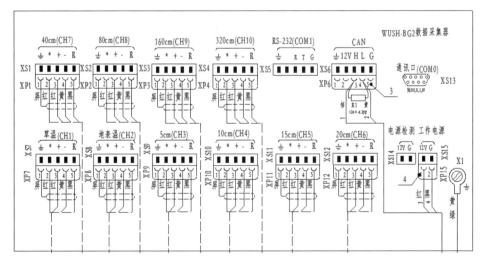

图 7.2-16　地温分采集器机箱内部连线图

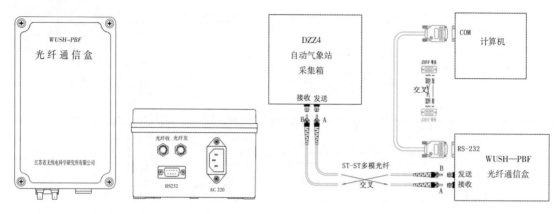

图 7.2-17　光纤通信盒外观和接口布置图　　　　图 7.2-18　光纤直连通信连接图

2. ZQZ-PT2 网络通信盒

ZQZ-PT2 网络通信盒可实现以太网转光纤通信,采用 AC 220 V 供电,其外观和接口布置见图 7.2-19。网络通信盒将业务计算机的以太网信号转换成光纤信号接入综合集成硬件控制器,通信连接示意见图 7.2-20。

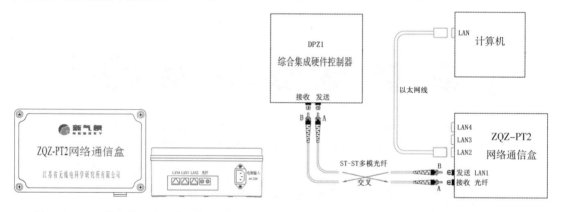

图 7.2-19　网络通信盒外观和接口布置图　　　　图 7.2-20　综合集成硬件控制器通信连接图

3. ZQZ-PT1 综合集成硬件控制器机箱

ZQZ-PT1 综合集成硬件控制器机箱内安装了 DPZ1 综合集成硬件控制器、光纤转换模块等,其内部布局见图 7.2-21,内部连线见图 7.2-22。主采集器可通过综合集成硬件控制器机箱接至业务计算机。

7.2.3　电源设备

DZZ4-PD 电源箱内安装空气开关、开关电源、充电保护模块、交流防雷模块、直流防雷模块、蓄电池等,外部接口为航空接插件。通过外部接口,DZZ4-PD 电源箱连接交流电源输入、直流电源输出。

电源箱内部结构布局见图 7.2-23,外部接口布置见图 7.2-24,内部连线见图 7.2-25。

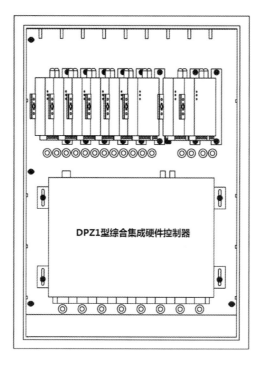

图 7.2-21 综合集成硬件控制器机箱内部布局图

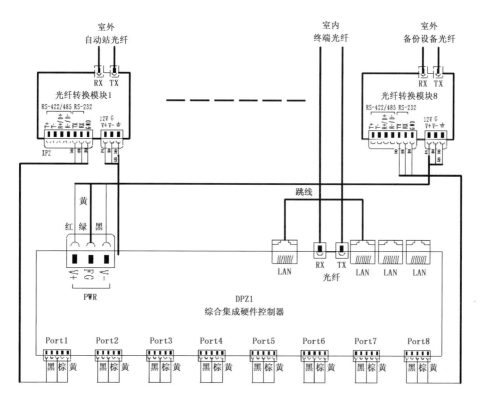

图 7.2-22 综合集成硬件控制器机箱内部连线图

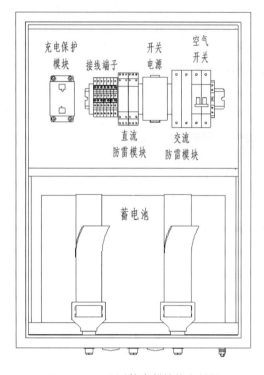

图 7.2-23 电源箱内部结构布局图

图 7.2-24 电源箱外部接口布置图

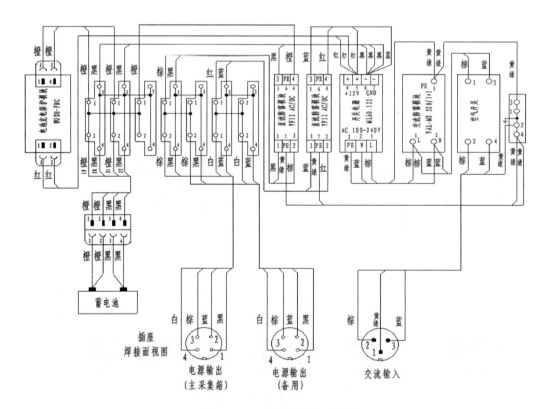

图 7.2-25 电源箱内部连线图

7.2.4 检测与维修

DZZ4 型自动气象站出现故障时,可根据故障现象,检测电源、通信、采集等分系统,判别故障分类并进行维修。检测与维修流程见图7.2-26。

1. 电源系统

电源系统正常工作是自动站稳定运行的前提,自动站数据全部缺测时应首先检查是否电源系统故障。电源系统发生故障时可按如下步骤检查。

检测步骤:

(1) 检查空气开关是否在 ON 位置;

(2) 分别测量开关电源的交流输入电压是否为 220 V、直流输出电压是否为 14.5 V,蓄电池直流输出电压是否为 13.8 V;

(3) 检查防雷模块是否被雷击击穿。

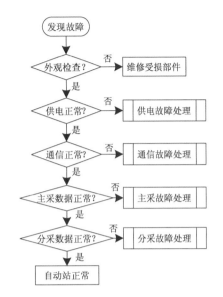

图 7.2-26 DZZ4 型自动气象站检测与维修流程图

2. 通信系统

通信系统故障时,表现为主采集器和计算机终端运行正常,但不能相互通信。通信系统故障可按如下步骤检查。

检测步骤:

(1)查看光纤通信模块 POWER 灯是否常亮,Tx、Rx 灯是否交替闪烁。

(2)两个光纤通信模块上的光纤应是交叉连接,Tx(发)-Rx(收)。

(3)检查光纤通信模块的 DIP 开关设置是否为:"ON、OFF、OFF、OFF"(1、2、3、4 位)。

(4)检查光纤插头是否接触可靠。

(5)用激光测试笔检查光纤是否断开,如断开则重新进行熔接,或更换一组备用光纤。

(6)确认通信参数设置正确,计算机串口工作正常。

(7)计算机切勿设置休眠模式,"系统待机"、"关闭硬盘时间",应全部设为"从不",否则会影响业务软件正常运行。

3. 主采集器

检测步骤:

(1)主采集器正常运行时,红色"RUN"状态指示灯应为秒闪,如果闪烁不正常,说明主采集器故障。

(2)主采集器故障还表现为某通道或内部模块损坏,需更换主采集器。

(3)如果主采集器直接挂接的气象要素数据异常,若确认传感器及连接线路正常,则表明主采集器相应通道故障,需更换主采集器。

(4)如果分采集器直接挂接的气象要素数据异常,若确认分采集器、CAN 电缆、CAN 终端匹配电阻正常,则表明主采集器 CAN 通道故障,需更换主采集器。

4. 分采集器

检测步骤：

正常情况下,分采集器的 CANR 指示灯(绿色)应常亮,CANE 指示灯(红色)不亮。否则,说明分采集器故障。

(1)检查 CAN 线是否连接正确,有无断路、短路;

(2)CAN 线上有一个 120 Ω 的匹配电阻,测量该电阻是否正常;

(3)若 CAN 通道损坏,则更换分采集器。

(4)在传感器正常的情况下,计算机连接分采集器的调试端口,发送 samples 命令,若有数据返回说明分采集器正常,否则更换分采集器。

5. 其他硬件

(1)传感器故障,参见传感器相关章节;

(2)防雷模块故障,也会造成无法正常采集和通信,要注意检查,必要时进行更换。

7.2.5 日常维护及使用注意事项

1. 串口调试软件使用介绍

在计算机终端通过串口调试工具可以直接给主采集器发送命令,进行相关测试或维护。

调试工具可以采用系统自带的"超级终端"软件,推荐使用 SSCOM32.exe 程序,其运行界面见图 7.2-27。

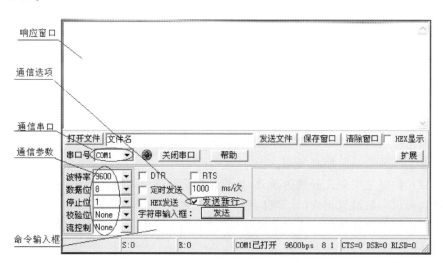

图 7.2-27 SSCOM32 界面

(1)设置参数

a)串口号(COM 口)

右键点击"我的电脑"或"计算机",在"属性"→"设备管理器"中查看所启用的串口,选择计算机与主采集器相连的串口号。

b)波特率 9600、数据位 8、停止位 1、校验位 N

以上参数必须正确设置,否则无法通信。

(2)打开串口

点击"打开串口"按钮,指定的串口即被打开,同时按钮标签会变为"关闭串口"。

（3）发送命令

设置好参数并打开串口后，勾选"发送新行"，就可在字符串输入框中输入命令与主采集器进行交互了。

2. CF 卡操作

（1）拔卡

a）应当在 CF 卡指示灯熄灭的时候进行拔卡操作。

b）若在灯亮时拔卡，会造成数据丢失，甚至损坏 CF 卡。

c）拔卡过程中，应使 CF 卡保持水平，以免损坏 CF 卡座。

（2）插卡

a）CF 卡在使用之前必须格式成 FAT32 格式。

b）允许在主采集器运行过程中插入 CF 卡。

c）CF 卡正面朝上，小心地对准插槽，用力推进 CF 卡座。

d）插入 CF 卡后，采集器的运行指示灯（RUN）会加快闪烁，表示已检测到 CF 卡。在 2 min 内，采集器的运行指示灯能恢复正常秒闪，表示 CF 卡已能进行正常操作。

e）如果插入 CF 卡后，采集器的运行指示灯（RUN）没有变化或指示灯长时间（超过 3 min）不能恢复正常秒闪，需重新拔插或更换 CF 卡。

f）可通过终端操作命令 SAMPLES 来检查 CF 卡的挂载情况。如果系统正确识别 CF 卡，SAMPLES 命令响应信息最后一行会显示"CF：已插入（已挂载，正常）"。见图 7.2-28。

| 08-24 02:48:52 | 供电(12V/5V/3.3V/1.2V) | 直流 14.0/5.52/3.28/1.25 | 机箱温度 | 16.2 | 机箱门：打开 |
| QC：禁止 | LAN：允许(已断开) | CF：已插入(已挂载，正常) | GPS：故障 |

图 7.2-28　用 SAMPLES 命令检查 CF 卡工作状态

如果显示"未挂载"或"已挂载，故障"信息，则需重新拔插或更换 CF 卡。每次重新插卡后，最好等待 2 min，再用命令 SAMPLES 检查。

（3）格式化

CF 卡在使用之前必须格式化成 FAT32 格式。可通过读卡器，在计算机上进行格式化操作。

（4）数据备份

建议定期将 CF 卡中的数据备份到计算机中，并检查数据的完整性。

若有备用卡，可将其直接替换现用卡，否则，可将现用卡上的数据备份之后，再重新插回主采集器。

换卡时应当避免在临近日界，日界 10 min 以后换卡是比较适宜的。

3. 存储目录操作

CF 卡上的数据存储目录与区站号保持一致，当改变区站号时，会自动创建以新区站号命名的存储目录，但原区站号的数据目录仍会保留在采集器内部和 CF 卡上，这样会占用存储空间。

采集器内部采用循环式存储器结构，最新数据可以自动覆盖最旧数据。

（1）删除采集器内部的旧数据

删除采集器内的旧区站号目录，可执行下列命令：

CLEARALLDATA↙

（2）删除 CF 卡上的旧数据

删除 CF 卡上的数据，可通过读卡器，在计算机上进行清除。

4. WUSH-BH 采集器嵌入式软件升级

注意事项：

- 采集器软件升级应避开降水天气。
- 采集器软件升级前，应确保备份站正常运行，出现意外情况时可切换到备份站运行。
- 升级前保证业务软件中数据完整，补全所有的缺测数据。
- 执行 UPDATE 升级命令应避开整点时刻以及整 5 分时刻，建议在整点后 6 min 进行。
- 执行 UPDATE 命令的升级过程大约需要 2 min 时间。

升级前需准备以下内容：

- CF 卡一个；
- 升级包压缩文件；
- 升级辅助工具软件 SSCOM32.exe。

升级步骤如下：

（1）取出随自动站配发的备用 CF 卡，将 CF 卡以 FAT32 文件系统进行格式化，将升级包压缩文件解压缩到 CF 卡的根目录下（也可使用采集器上 CF 卡，CF 卡从采集器上取下时，无须断电，只须在 CF 灯不亮时取下来）。

（2）将 CF 卡插入到主采集器的 CF 卡插槽中，须注意 CF 卡的正反面不要出错。

（3）关闭业务采集软件。运行 SSCOM32 软件，选择与业务采集软件中新型自动站一致的串口号，波特率 9600 8 1 N。

（4）在命令输入框中输入 SAMPLES 命令，点击发送，查看 CF 的状态，等到 CF 卡状态为"已挂载，正常"后进行下一步，若状态一直为"已插入，未挂载"请重新插拔 CF 卡。

见图 7.2-29。

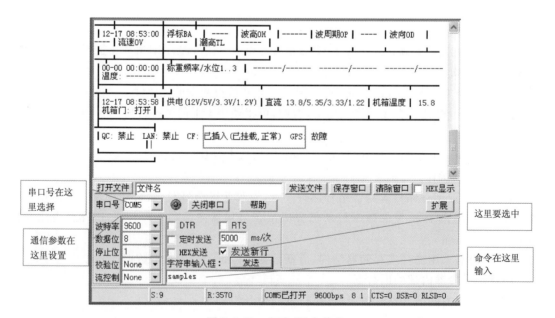

图 7.2-29 查看 CF 卡状态

（5）在命令输入框中输入 update 命令，点击发送。见图 7.2-30。

（6）采集器自动进入升级状态，等到采集器输出 UPDATE COMPLETED 后，表示升级完成，采集器系统自动重启。见图 7.2-31。

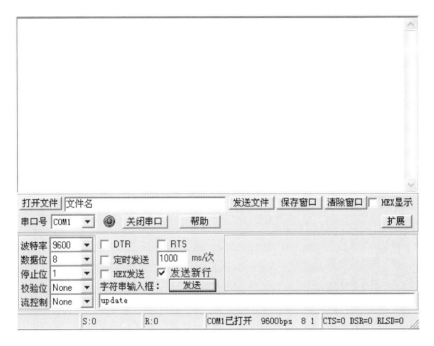

图 7.2-30　发送 update 命令

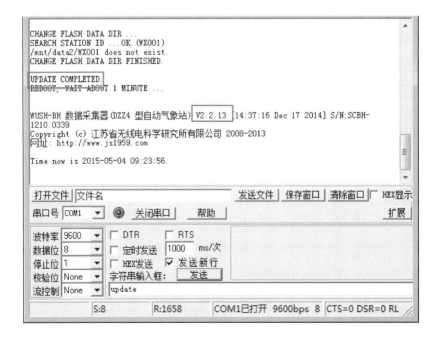

图 7.2-31　升级完成界面

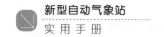

（7）采集器重启完成后，在 SSCOM32 软件窗口中显示启动信息，检查启动信息中的采集器软件版本号信息是否正确。若版本号不正确，则再次回到上面的第（5）步重新执行升级。检查采集器软件版本命令：logo。升级成功后可进入下一步，不成功请及时联系厂家。升级成功界面见图 7.2-31。

（8）关闭 SSCOM32 软件，打开业务采集软件。

5. 传感器、分采集器启用配置

用户可根据实际观测项目配置传感器和分采集器的启用。

7.3 DZZ5 型自动气象站

DZZ5 型自动气象站由华云升达（北京）气象科技有限责任公司研制。其配置见表 7.3-1。

表 7.3-1 DZZ5 型自动气象站配置表

部件分类	部件名称	部件型号
传感器	气温传感器	HYA-T
	湿度传感器	HYHMP155A
	风速传感器	EL15-1C
	风向传感器	EL15-2C
	气压传感器	HYPTB210
	雨量传感器	SL3-1
	蒸发传感器	AG2.0
	地温传感器	HYA-T
	称重式降水传感器	DSC2/DSC3
	能见度观测仪	DNQ1/DNQ2/DNQ3
	雪深观测仪	DSJ1
采集设备	主采集箱	DZZ5
	地温分采集箱	CAWS3000-ST
	主采集器	HY3000
	温湿度分采集器	HY1101
	地温分采集器	HY1310
通信设备	光纤通信盒	DZZ5 通信转换单元 TCF-142
	网络通信盒	DZZ5 通信转换单元 DPZ1
	综合集成硬件控制器	DPZ1
	综合集成硬件控制器箱	DPZ1
电源设备	电源箱	DY05

7.3.1　采集设备

1. 数据采集器

(1)HY3000 主采集器

HY3000 主采集器可挂接气象要素传感器和分采集器。其技术性能指标见表 7.3-2,外观及接口布置见图 7.3-1。

表 7.3-2　HY3000 主采集器技术性能指标

MCU 特性	处理器	32 位 ARM9 处理器 AT91SAM9263
	处理器主频	最高 200 MHz
测量性能	A/D 转换精度	16 位
时钟性能	实时时钟	误差＜15 s/月
传感器接口	气温(预留)	1 个模拟通道,用于测量铂电阻值
	湿度(预留)	1 个模拟通道,用于测量电压值
	辐射(预留)	1 个模拟通道,用于测量电压值
	蒸发	1 个模拟通道,接入 AG2.0 型蒸发传感器
	气压	1 个 RS-232 接口,接入 HYPTB210 型气压传感器
	风向	7 位数字通道,接入 EL15-2C 型风向传感器
	风速	1 个计数通道,接入 EL15-1C 型风速传感器
	翻斗式雨量	1 个计数通道,接入 SL3-1 型翻斗式雨量传感器
	能见度	1 个 RS-232 接口,接入 DNQ1 型能见度传感器
	称重式降水	1 个 RS-232 接口,接入 DSC2 型称重式降水传感器
	雪深	1 个 RS-232 接口,接入 DSJ1 型雪深传感器
	门开关	1 个数字通道
通信接口	RS-232	5 个数字传感器接口、2 个调试接口
	CAN	1 个接口
	RJ45	1 个接口
	USB	2 个接口
其他接口	指示灯	系统指示灯、CF 卡指示灯
	编程接口	1 个
	外存储器	1 个 CF 卡接口
	电源输出	2 个

续表

电气性能	额定供电电压	DC 12 V
	功耗	<1.2 W
环境适应性	工作温度范围	−40~80℃
监测功能	主板温度测量	具备
	主板电源测量	具备
	交流供电检测	具备
	机箱门状态检测	具备
物理参数	尺寸	208 mm×105 mm×44 mm
	重量	1200 g

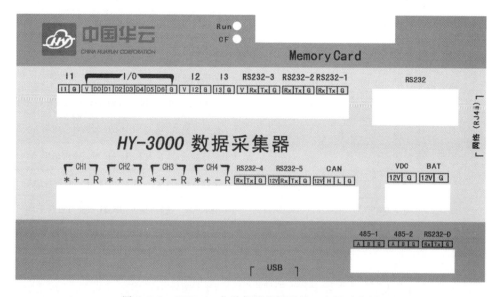

图 7.3-1　HY3000 主采集器外观及接口布置示意图

`(2)HY1101 温湿度分采集器

HY1101 温湿度分采集器可挂接气温和湿度传感器,通过 CAN 总线接入主采集器。其技术性能指标见表 7.3-3,外观及接口布置见图 7.3-2,插座端子与航空插头对应关系见图 7.3-3,插座接线及表 7.3-4、表 7.3-7。

表 7.3-3　HY1101 温湿度分采集器技术性能指标

MCU 特性	处理器	ARM7 系列
	处理器主频	4 MHz
测量性能	A/D 转换精度	16 位
时钟性能	实时时钟	误差<15 s/月

续表

传感器接口	气温	1个模拟通道,接入 HYA-T 型温度传感器
	湿度	1个模拟通道,接入 HMP155A 型湿度传感器
通信接口	RS-232	1个
	CAN	1个
其他接口	指示灯	无
	编程接口	1个 JTAG 口,可通过 RS-232 接口写入程序
	电源输出	1个
电气性能	额定供电电压	DC 12 V
	功耗	<0.3 W
环境适应性	工作温度范围	−40∼80℃
监测功能	主板温度测量	具备
	主板电源电压测量	具备
	传感器状态监测	具备
物理参数	尺寸	149 mm×64 mm×37 mm
	重量	500 g

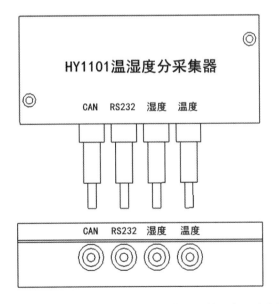

图 7.3-2　HY1101 温湿度分采集器外观及接口布置示意图

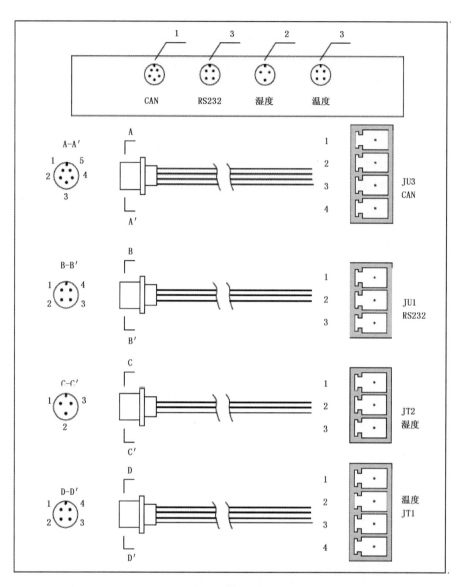

图 7.3-3　HY1101 温湿度分采集器端子与航空插头(座)对应关系图

表 7.3-4　HY1101 温湿度分采集器温度插座接线表

航空插座		对应 JT1 端子
针脚号	定义	
1	*	1
2	+	2
3	—	3
4	R	4

表 7.3-5　HY1101 温湿度分采集器湿度插座接线表

航空插座		对应 JT2 端子
针脚号	定义	
1	电源＋	1
2	湿度输出电压	2
3	GND	3

表 7.3-6 HY1101 温湿度分采集器
供电/CAN 插座接线表

航空插座		对应 JT3 端子
针脚号	定义	
1	电源＋	1
2	CANH	2
3	CANL	3
4	GND	4
5	留空	

表 7.3-7 HY1101 温湿度分采集器
RS-232 插座接线表

航空插座		对应 JT1 端子
针脚号	定义	
1	R	1
2	T	2
3	G	3
4	留空	

HY1101 温湿度分采集器的内部结构见图 7.3-4,内部连线见图 7.3-5。

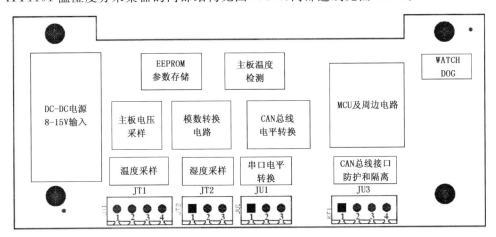

图 7.3-4　HY1101 温湿度分采集器内部结构图

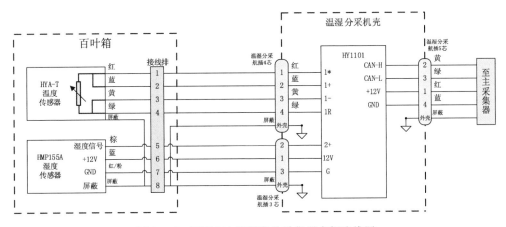

图 7.3-5　HY1101 温湿度分采集器内部连线图

(3)HY1310 地温分采集器

HY1310 地温分采集器可挂接草面温度、地面温度、浅层地温、深层地温传感器,通过 CAN 总线接入主采集器。其技术性能指标见表 7.3-8,外观及接口布置见图 7.3-6。

表 7.3-8　HY1310 地温分采集器技术性能指标

MCU 特性	处理器	ARM7 系列
测量性能	A/D 转换精度	16 位/24 位
时钟性能	实时时钟	误差＜15 s/月
传感器接口	温度	10 个模拟通道,接入 HYA-T 型温度传感器
通信接口	RS-232	3 个数字传感器接口,1 个调试接口
	CAN	1 个
其他接口	指示灯	3 个
	编程接口	1 个
	电源接口	1 个
电气性能	额定供电电压	DC 12 V
	功耗	＜0.5 W
环境适应性	工作温度范围	−40～80℃
监测功能	主板温度测量	具备
	主板电源测量	具备
物理参数	尺寸	208 mm×105 mm×44 mm
	重量	1200 g

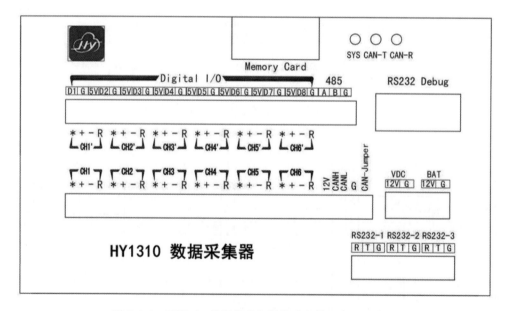

图 7.3-6　HY1310 地温分采集器外观和接口布置示意图

2. 采集器机箱

(1)主采集器机箱

主采集器机箱内安装 HY3000 数据采集器、HYPTB210 气压传感器、光纤转换模块等,外部接口为航空接插件。配有综合集成硬件控制器的自动气象站,主采集器机箱内不安装光纤转换模块。

通过外部接口,主采集器机箱可接入风向、风速、翻斗雨量、称重降水、能见度、蒸发、雪深等传感器以及分采集器,连接电源和综合集成硬件控制器。

主采集器机箱内部结构布局见图 7.3-7,底板结构见图 7.3-8,机箱内部连线示意见图7.3-9,主采集器机箱内部连接见图 7.3-10、图 7.3-11。

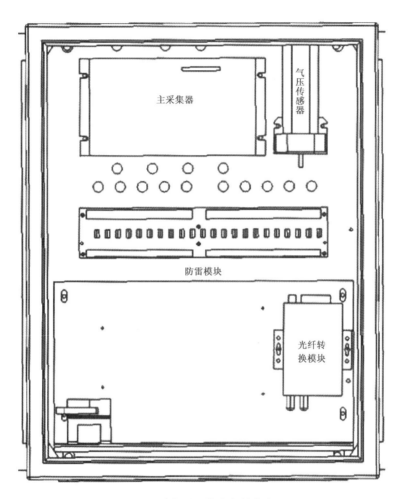

图 7.3-7　采集器机箱内部结构布局图

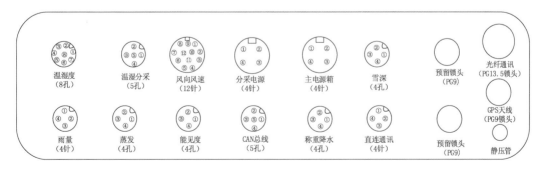

图 7.3-8　主采集器机箱底板结构图

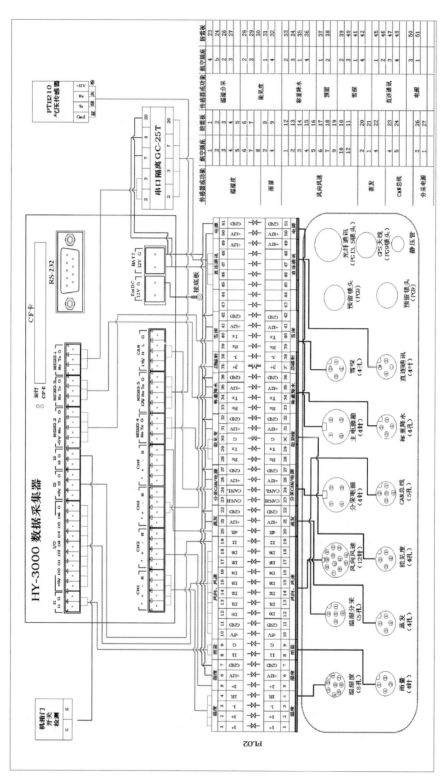

图7.3-9 主采集器机箱内部连线示意图

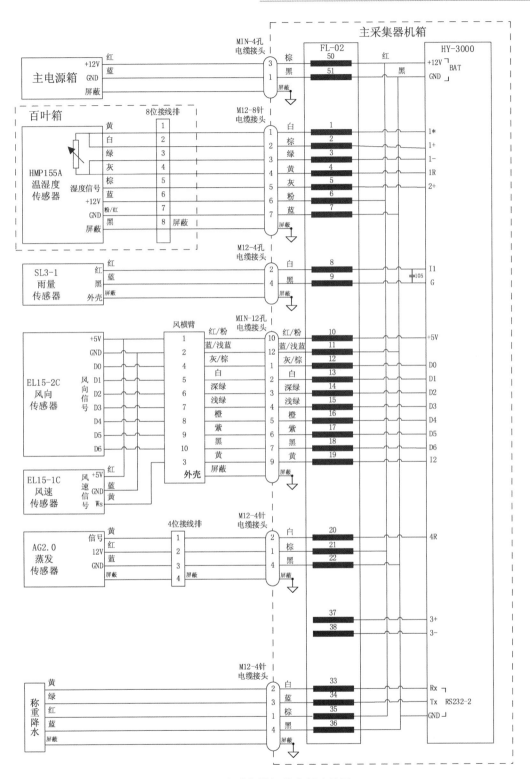

图 7.3-10　主采集器机箱内部连接图－1

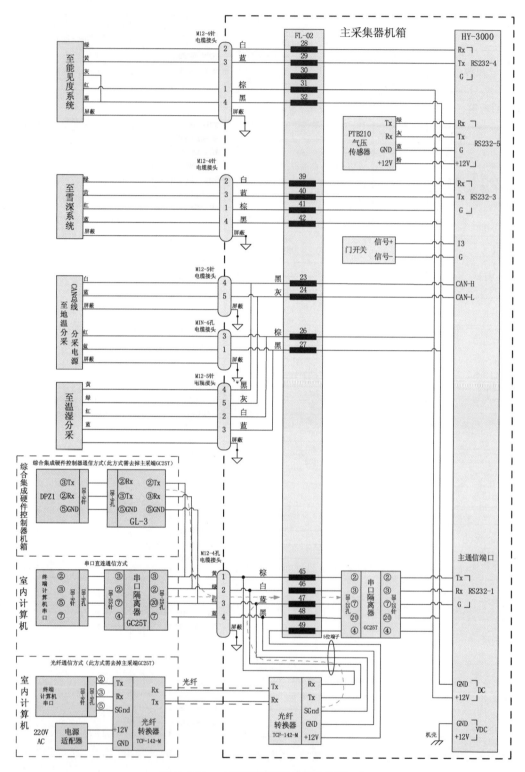

图 7.3-11 主采集器机箱内部连接图－2

（2）地温分采集器机箱

地温分采集器机箱内安装 HY1310 地温分采集器，外部接口为航空接插件。通过外部接口，地温分采集器机箱可接入地温传感器，连接主采集器和电源。

HY1310 地温分采集器机箱内部连接示意见图 7.3-12，内部接线见图 7.3-13。

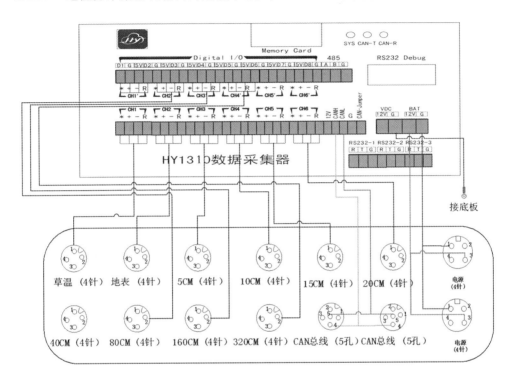

图 7.3-12　HY1310 地温分采集器连接示意图

7.3.2　通信设备

DZZ5 型自动气象站的主采集器与计算机之间共有三种通信方式：串口直连通信、光纤通信和综合集成硬件控制器通信。

1. 串口直连通信

利用 RS-232（RS-485）串口，配置长线电缆和一对串口隔离驱动转换器，实现主采集器与计算机终端之间的通信，通信流程见图 7.3-14。

2. 光纤通信

光纤转换模块可实现 RS-232 转光纤与业务计算机通信，计算机和光纤转换模块使用标准 RS-232 交叉电缆连接，通信流程见图 7.3-15。

3. DPZ1 综合集成硬件控制器箱

主采集器通过串口将信号送入综合集成硬件控制器；综合集成硬件控制器将串行信号转换为光信号，通过光纤传输至室内光纤转换器；室内光纤转换器再将光信号转换为以太网信号，通过网线接入计算机 RJ45 口。通信流程见图 7.3-16。

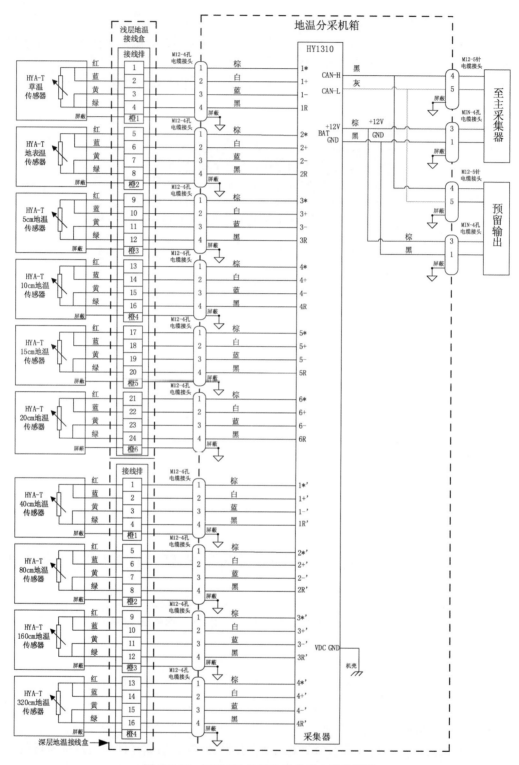

图 7.3-13　HY1310 地温分采集器内部接线图

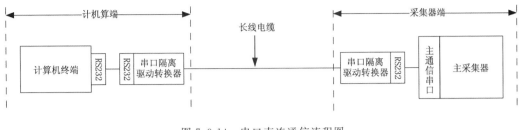

图 7.3-14　串口直连通信流程图

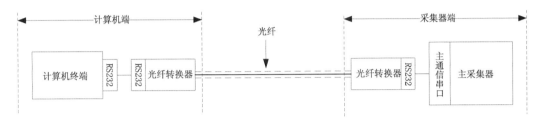

图 7.3-15　光纤直连通信流程图

图 7.3-16　综合集成硬件控制器通信流程图

7.3.3　电源设备

DZZ5 电源箱内安装空气开关、浪涌保护器、交流充电控制器、蓄电池等,外部接口为航空接插件(或防水接头)。通过外部接口,DZZ5 电源箱连接交流电源输入、直流电源输出。电源箱内部结构见图 7.3-17,内部连线见图 7.3-18。

7.3.4　检测与维修

DZZ5 型自动气象站出现故障时,可根据故障现象,检测电源、通信、采集等分系统,判别故障分类并进行维修。检测与维修流程见图 7.3-19。

1. 供电系统故障

电源系统正常工作是自动站稳定运行的前提,自动站数据全部缺测时应首先检查是否电源系统故障,供电故障应按供电系统内部接线图,分段测量,查找故障点。

电源系统故障检测流程见图 7.3-20。

检测步骤:

(1)保险管指示灯若亮起,说明保险管损坏,需更换。

(2)空气开关闭合后,出入两端电压都应为 AC220 V,说明交流输入和空气开关都正常;闭合后,有输入无输出说明空气开关故障,需更换;空气开关无法闭合,说明负载有短路,可以用逐一断开负载的方法进行排除。

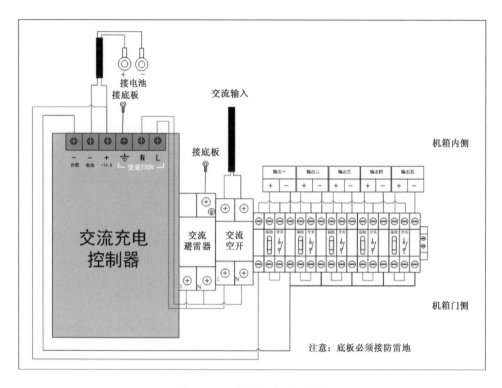

图 7.3-17　电源箱内部结构图

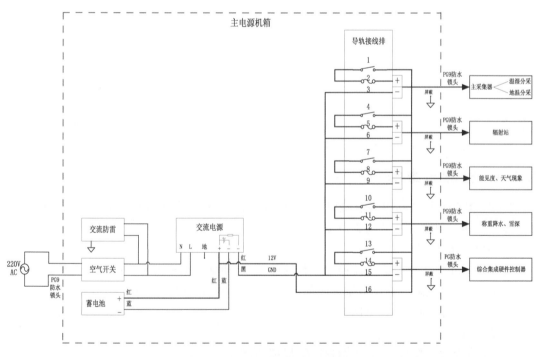

图 7.3-18　电源箱内部连线图

（3）充电控制器输入电压为 AC220 V，输出电压 13.8 V 左右，说明充电控制器工作正常；若输入正常，输出异常，说明充电控制器故障。

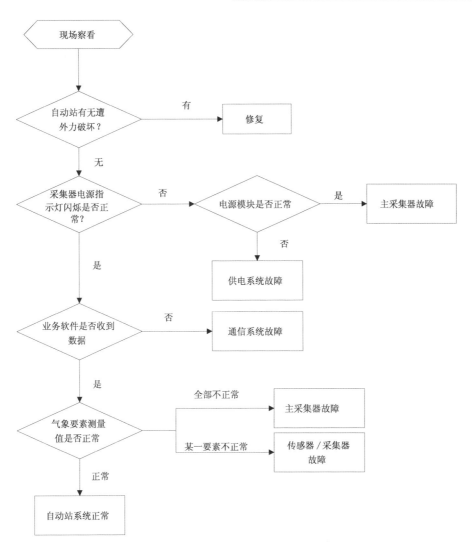

图 7.3-19　检测与维修流程图

（4）连接情况下，测量蓄电池的充电电压，正常应为 10.8～14.0 V，断开交流输入，测量蓄电池供电电压，正常应为 12.0 V 左右，如果电压过低，需更换蓄电池。

2. 通信系统

通信系统故障时，表现为主采集器和计算机终端运行正常，但不能相互通信。通信系统故障检测流程见图 7.3-21。

检测步骤：

（1）检查串口参数设置，如串口号、波特率、数据位、停止位、校验位等。

（2）分段检查主采集器通信接口→综合集成硬件控制器（或光纤转换模块）→计算机终端通信线缆等各节点的线缆，测试线缆有无短路、断路，焊接点有无虚焊脱焊。

（3）检查串口隔离器：将两端的串口隔离器去掉后如果通信恢复正常，说明串口隔离器损坏，需更换。

（4）检查计算机串口：可通过更换计算机串口或计算机的方式检查排除串口故障。

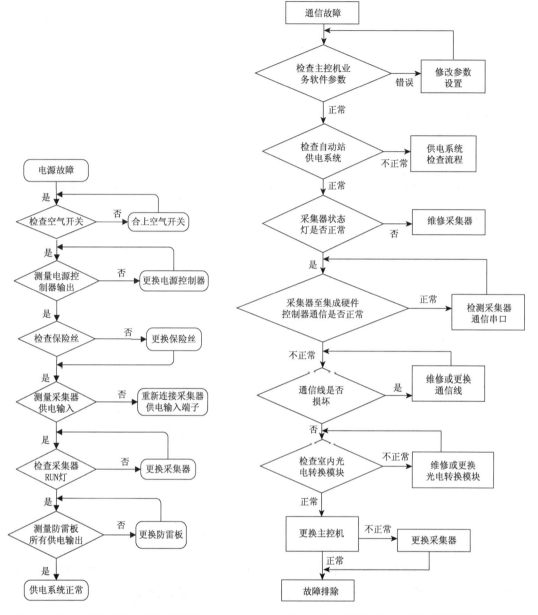

图 7.3-20　电源系统故障检测流程图　　　　图 7.3-21　通信系统故障检测流程图

　　(5)检查采集器串口:将计算机和主采集器串口连接,在计算机端发送测试命令(DMGD、TIME、DATE 等),看采集器有无响应。

　　(6)使用综合集成硬件控制器、光纤转换模块的自动站,查看综合集成硬件控制器、光纤模块等设备的 POWER 灯是否常亮,常亮为上电正常;查看数据传输时 Tx、Rx 灯是否闪烁,闪烁表示有数据流传输。

　　(7)使用综合集成硬件控制器的自动站,检查计算机 RJ45 口;用串口交叉线连接两个物理串口,用串口调试软件测试两个串口间能否互相通信。

　　3. 主采集器故障

当电源和通信系统均正常工作时,应重点检查主采集器是否正常。主采集器故障检测流程见图7.3-22。

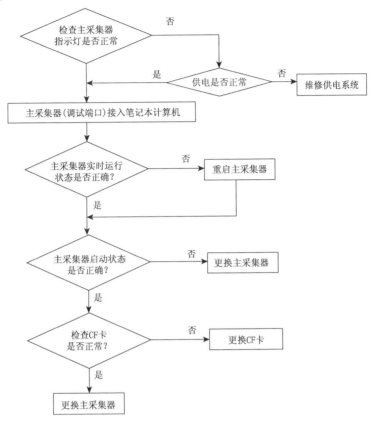

图7.3-22　主采集器故障检测流程图

检测步骤:

(1)观察主采集器运行指示灯:

RUN 灯:正常工作时,RUN 灯为秒闪。

CF 卡指示灯:进行读写操作时闪烁,不读写时指示灯不亮。

(2)检查供电是否正常。

(3)将计算机和主采集器串口连接,在计算机端发送测试命令看有无数据返回。

(4)检查 CF 卡是否已满或已损坏。

(5)若只是某传感器观测数据异常或缺测,则检查主采集器中该传感器的配置参数是否正确。

4. 温湿度分采集器故障

当温度、湿度数据异常或缺测,其他观测要素数据均正常时,应重点检查温湿度分采集器是否正常。温湿度分采集器的温度信号流向见图7.3-23,湿度信号流向见图7.3-24。

检测步骤:

(1)在温湿度分采集器端测量供电是否正常。

(2)在计算机端发送测试指令"DAUSET_TARH ↙",确认主采集器是否启用了温湿度

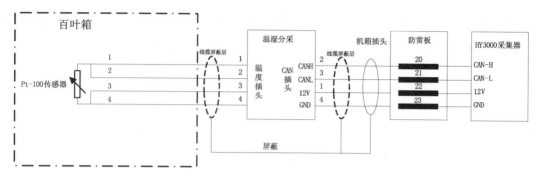

图 7.3-23　温湿度分采集器温度信号流向图

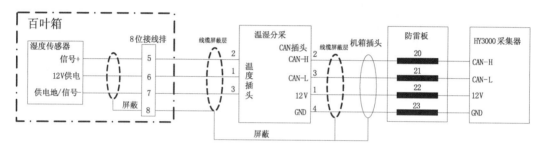

图 7.3-24　温湿度分采集器湿度信号流向图

分采集器。

（3）用计算机连接分采集器的调试端口，发送"GETSECDATA! ↙"命令，若有数据返回说明温湿度分采集器正常。若无数据返回，则检查温湿度分采集器 CAN 线是否松动、脱落，线序是否正确，否则更换温湿度分采集器。

（4）若只是温度或湿度数据异常或缺测，则测量温度或湿度传感器接入温湿度分采集器信号线的电阻值或电压值是否正确，从而判断是否温湿度分采集器故障，否则更换传感器。

5. 地温分采集器故障

当地温观测数据异常或缺测，其他要素观测数据均正常时，应重点检查地温分采集器是否正常。地温分采集器的信号流向见图 7.3-25（以草面温度传感器为例）。

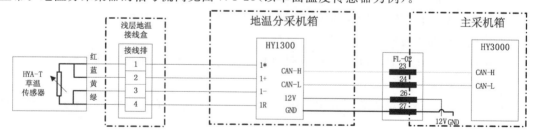

图 7.3-25　地温分采集器信号流向图

检测步骤：

（1）观察地温分采集器运行指示灯：

SYS 灯：当系统正常运行后，"SYS"秒闪。

CAN-T 灯：当 CAN 收发器往外发送数据的时候，此灯闪烁。

CAN-R灯：当CAN收发器接收到数据的时候，此灯闪烁。

通常情况下，如果主采集器的"RUN"指示灯秒闪，而地温分采CAN-R指示灯不闪烁，则请检查CAN通信线缆是否接线正常。

（2）测量地温分采集器供电是否为正常。

（3）在计算机端发送测试指令"DAUSET_EATH↙"，确认主采集器是否启用了地温分采集器。

（4）用计算机连接分采集器的调试端口，发送"GETSECDATA!↙"命令，若有数据返回说明地温分采集器正常。若无数据返回，则检查地温分采集器CAN线是否松动、脱落，线序是否正确，否则更换地温分采集器。

（5）当只是某一层地温数据异常或缺测时，可将该层地温传感器与某一层地温传感器在地温分采集器的接入端口处进行互换，根据互换后的观测数据判断是否地温分采集器的该通道损坏；若确认通道无故障，则更换该层地温传感器。

6. 其他故障

（1）具有时间规律性的故障，如某一时段内多发、频发的故障，应考虑周围是否有强电磁干扰，检查消除信号干扰源，并做好屏蔽。

（2）有些偶发性故障可能是动物所致，例如鸟畜饮水导致蒸发数据异常，昆虫堵塞导致雨量数据异常，蜘蛛结网导致能见度数据异常，鸟兽践踏导致雪深数据异常，地鼠噬咬导致通信中断，等等。日常工作中要做好巡视维护，发现问题及时处理。

（3）接地不良也会引起供电异常、通信故障，安装维护中务必重视做好设备和线缆的接地。

7.4　DZZ6型自动气象站

DZZ6型自动气象站由中环天仪（天津）气象仪器有限公司研制。其配置见表7.4-1。

表7.4-1　DZZ6型自动气象站配置表

部件分类	部件名称	部件型号
传感器	气温传感器	WZP2
	湿度传感器	DHC1
	风速传感器	EL15-1C
	风向传感器	EL15-2C
	气压传感器	PTB330
	雨量传感器	SL3-1
	蒸发传感器	AG2.0
	地温传感器	WZP1
	称重式降水传感器	DSC3
	能见度传感器	DNQ1/DNQ2/DNQ3
	雪深传感器	DSS1/DSJ1

续表

部件分类	部件名称	部件型号
采集设备	主采集器机箱	DZZ6
	地温分采集器机箱	DZZ6
	主采集器	DZZ6
	温湿度分采集器	DZZ6
	地温分采集器	DZZ6
通信设备	长线驱动器	ADAM-4520
	综合集成硬件控制器	DPZ1
	光纤转换模块	TCF-142-M
电源设备	电源箱	DZZ6 电源

7.4.1 采集设备

1. 数据采集器

(1)DZZ6 主采集器

DZZ6 主采集器可挂接气象要素传感器和分采集器。其技术性能指标见表 7.4-2,外观及接口布置示意见图 7.4-1。

表 7.4-2 主采集器技术性能指标

MCU 特性	处理器	ARM9 处理器 AT91SAM9263,32 位处理器
	处理器主频	200 MHz
测量性能	A/D 转换精度	16 位
时钟性能	实时时钟	误差＜15 s/月
传感器接口	气温（预留）	1 个模拟通道,用于测量铂电阻值
	湿度（预留）	1 个模拟通道,用于测量电压值
	辐射（预留）	1 个模拟通道,用于测量电压值
	蒸发	1 个模拟通道,接入 AG2.0 型超声波蒸发传感器
	气压	1 个 RS-232 接口,接入 PTB330 型气压传感器
	风向	7 位数字通道,接入 EL15-2C 型风向传感器
	风速	1 个计数通道,接入 EL15-1C 型风速传感器
	翻斗雨量	1 个计数通道,接入 SL3-1 型翻斗雨量传感器
	能见度	1 个 RS-232 接口,接入能见度传感器
	称重降水	1 个 RS-232 接口,接入称重式降水传感器
	雪深	1 个 RS-232 接口,接入雪深传感器
	门开关	1 个数字通道
通信接口	RS-232	5 个
	RS-485	1 个
	CAN	1 个

续表

	RJ45	1个
通信接口	USB-HOST	2个
	USB-DEV	1个
	指示灯	2个
其他接口	编程接口	2个
	外存储器接口	1个CF卡接口
	电源输出	4个
电气性能	供电电压	DC 12 V
	功耗	<1.2 W
环境适应性	工作温度范围	−40～80℃
	主板温度测量	具备
监测功能	主板电压测量	具备
	交流供电检测	具备
	机箱门状态检测	具备
物理参数	尺寸	210 mm×105 mm×45 mm
	重量	1216 g

图 7.4-1 DZZ6 型主采集器外观及接口布置示意图

（2）DZZ6 型温湿度分采集器

DZZ6 温湿度分采集器可挂接气温和湿度传感器，通过 CAN 总线接入主采集器。其技术性能指标见表 7.4-3，外观及接口布置见图 7.4-2。

DZZ6 型温湿度分采集器的接口引脚定义见表 7.4-4，温湿度分采集器的内部连线见图 7.4-3。

表 7.4-3 DZZ6 型温湿度分采集器技术性能指标

MCU 特性	处理器	ARM7 系列
测量性能	A/D 转换精度	16 位
时钟性能	实时时钟	误差<15 s/月
传感器接口	气温	1 个模拟通道，接入 WZP2 型温度传感器
	湿度	1 个模拟通道，接入 DHC1 型湿度传感器
通信接口	RS-232	1 个
	CAN	1 个
其他接口	指示灯	0 个
	编程接口	可通过串行接口 RS-232 在线编程
	电源输出	1 个
电气性能	供电电压	DC 12 V
	功耗	<0.25 W
环境适应性	工作温度范围	-40~80℃
监测功能	主板温度测量	具备
	主板电源电压测量	具备
	传感器状态监测	具备
物理参数	尺寸	150 mm×64 mm×34 mm
	重量	435 g

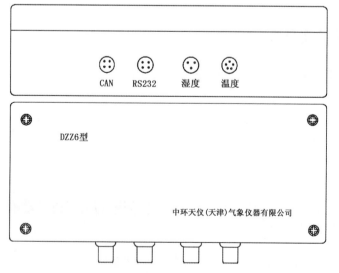

图 7.4-2 温湿度分采集器外观及接口布置示意图

表 7.4-4　温湿度分采集器接口引脚定义

CAN 航空插座	1	2	3	4
对应 JU3 端子	1	2	3	4
功能说明	12V	CANH	CANL	GND
RS-232 航空插座	1	2	3	4
对应 JU1 端子	1	2	3	留空
功能说明	R	T	G	留空
温度航空插座	1	2	3	4
对应 JT1 端子	1	2	3	4
功能说明	*	+	−	R
湿度航空插座	1	2	3	
对应 JT2 端子	1	2	3	
功能说明	12V	湿度	GND	

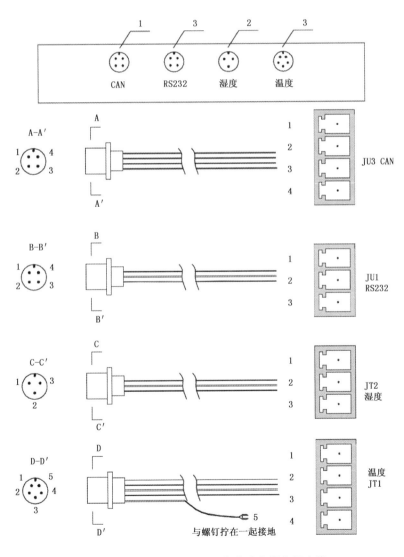

图 7.4-3　DZZ6 型温湿度分采集器内部连线

（3）DZZ6 型地温分采集器

DZZ6 地温分采集器可挂接草面温度、地面温度、浅层地温、深层地温传感器，通过 CAN 总线接入主采集器。其技术性能指标见表 7.4-5，外观及接口布置见图 7.4-4。

表 7.4-5　地温分采集器技术性能指标

MCU 特性	处理器	ARM7 系列
测量性能	A/D 转换精度	16 位
时钟性能	实时时钟	＜15 s/月
传感器接口	温度	10 个模拟通道，接入 WZP1 型温度传感器
通信接口	RS-232	2 个
	CAN	1 个
其他接口	指示灯	4 个
	编程接口	可通过串行接口 RS-232 在线编程
电气性能	供电电压	DC 12 V
	功耗	＜0.5 W
环境适应性	工作温度范围	－40～80℃
监测功能	主板温度测量	具备
	主板电源测量	具备
物理参数	尺寸	208 mm×105 mm×32 mm
	重量	700 g

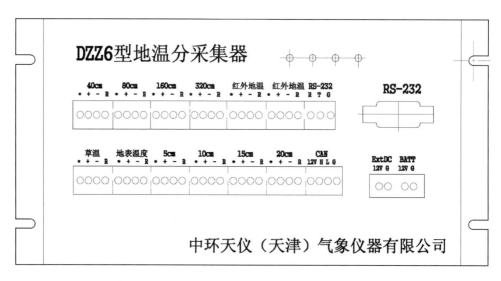

图 7.4-4　DZZ6 型地温分采集器外观和接口布置示意图

2. 采集器机箱

（1）主采集器机箱

主采集箱内安装 DZZ6 型主采集器、PTB330 气压传感器、长线驱动器/光纤转换模块及防雷模块等，外部接口为航空接插件以及光纤接口。

通过外部接口,主采集器机箱可接入风向、风速、翻斗雨量、称重降水、能见度、蒸发、雪深等传感器以及分采集器,连接电源和综合集成硬件控制器。

主采集器机箱内部结构布局见图 7.4-5、底板航空插头布局见图 7.4-6、接口示意见图 7.4-7、图 7.4-8、内部连线见图 7.4-9。

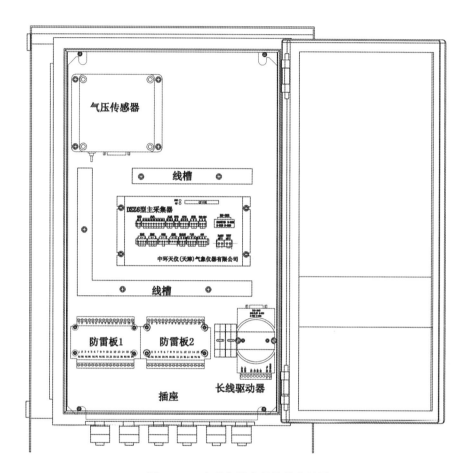

图 7.4-5　主采集箱内部结构布局图

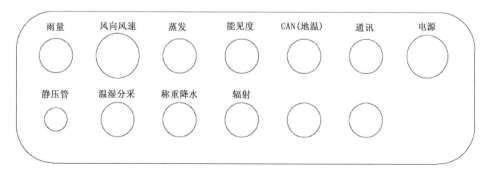

图 7.4-6　主采机箱底板航空插头布局图

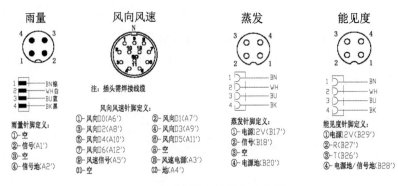

图 7.4-7　主采集器机箱接口示意图－1

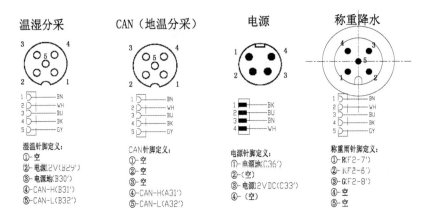

图 7.4-8　主采集器机箱接口示意图－2

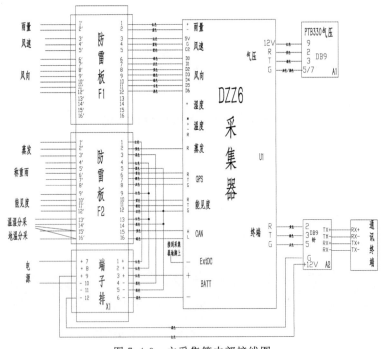

图 7.4-9　主采集箱内部接线图

（2）地温分采集箱

地温分采集器机箱内安装了 DZZ6 地温分采集器部件，外部接口为航空接插件。也可根据用户需要提供防水接头形式的地温分采集器机箱。通过外部接口，地温分采集器机箱可接入地温传感器，连接主采集器。

地温分采集器机箱内部结构布局见图 7.4-10，外部接口布置见图 7.4-11，内部连线见图 7.4-12、图 7.4-13。

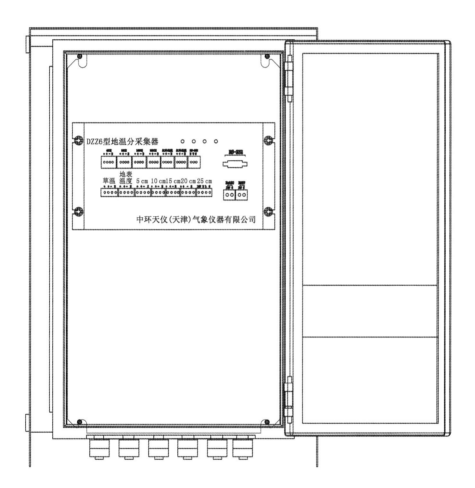

图 7.4-10　地温分采集箱内部结构布局图

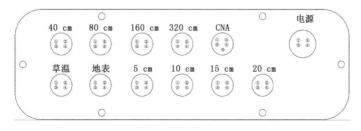

图 7.4-11　地温分采集箱外部接口布置图

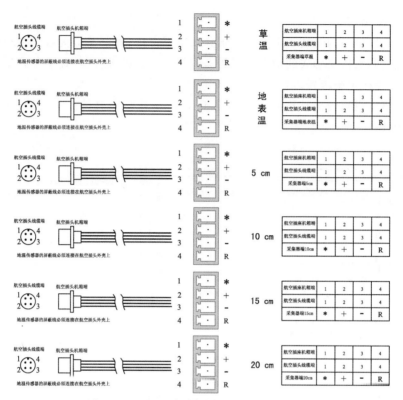

图 7.4-12　地温分采集箱内部连线示意图－1

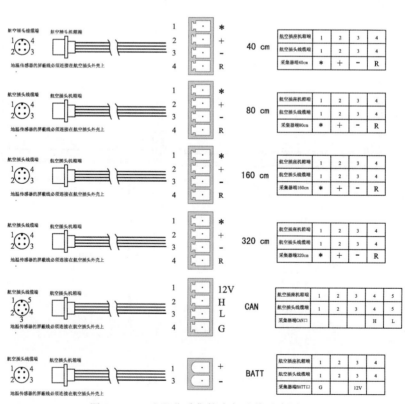

图 7.4-13　地温分采集箱内部连线示意图－2

7.4.2　通信设备

1. TCF-142-M 光纤转换模块

TCF-142-M 光纤通信盒可实现 RS-232 转光纤通信,采用 DC 12 V 供电,其外观和接口布置见图 7.4-14。网络通信盒将业务计算机的 RS-232 信号转换成光纤信号接入,通信连接示意见图 7.4-15。

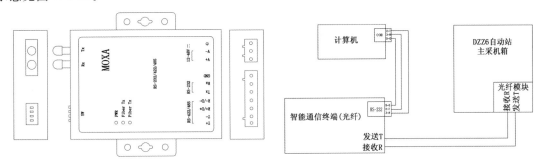

图 7.4-14　TCF-142-M 光纤通信盒外观和接口布置图　　图 7.4-15　光纤转换模块通信连接示意图

2. DPZ1 型硬件综合集成处理器

综合集成硬件控制器机箱内安装 DPZ1 综合集成硬件控制器、开关电源、防雷模块等,其内部布局见图 7.4-16。主采集器可通过综合集成硬件控制器机箱接至业务计算机。综合集成硬件控制器连接示意见图 7.4-17,机箱的内部连线见图 7.4-18。

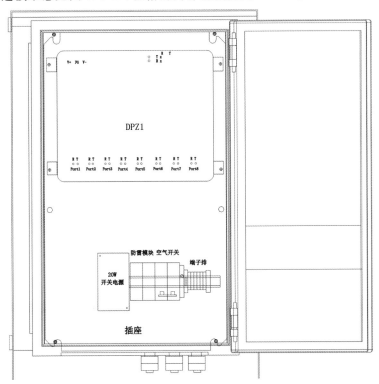

图 7.4-16　综合集成硬件控制器内部布局示意图

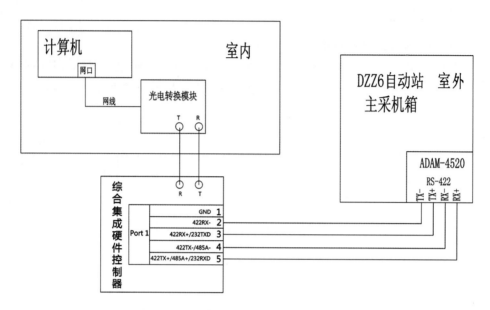

图 7.4-17 综合集成硬件控制器连接示意图

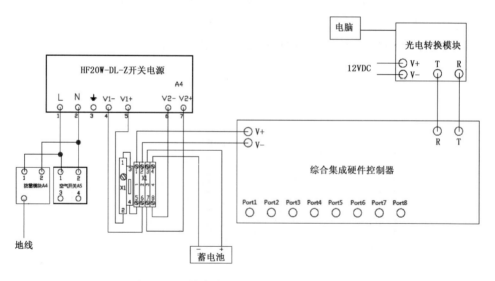

图 7.4-18 综合集成硬件控制器箱内部连线图

7.4.3 电源设备

DZZ6 电源箱内部集成了空气开关、开关电源、防雷模块、蓄电池等,并在底部以航空插头/座形式提供交流电源、直流电源输入输出接口。

电源箱内部结构布局见图 7.4-19,底部接口布置见图 7.4-20,内部连线见图 7.4-21。

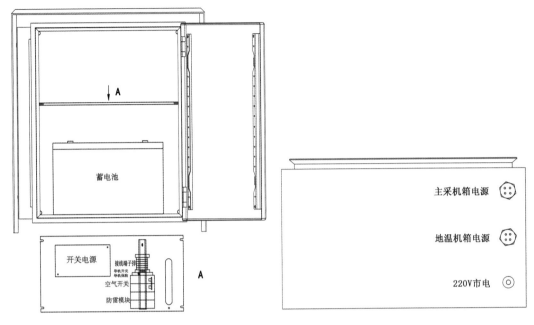

图 7.4-19　电源箱内部结构布局图　　　　　图 7.4-20　电源箱底部接口布置图

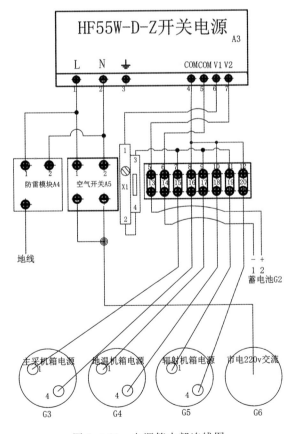

图 7.4-21　电源箱内部连线图

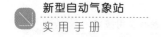
7.4.4　检测与维修

　　DZZ6 型自动气象站出现故障时,可根据故障现象,检测电源、通信、采集等分系统,判别故障分类并进行维修。检测与维修流程见图 7.4-22。

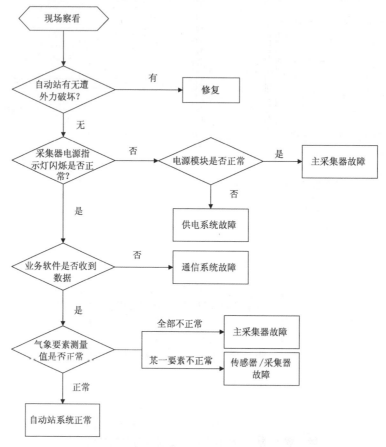

图 7.4-22　DZZ6 型自动气象站故障分析和判断流程

　　1. 供电系统故障

　　电源系统正常工作是自动站稳定运行的前提,自动站数据全部缺测时应首先检查是否电源系统故障。电源系统发生故障时可按如下步骤检查。电源系统故障检测流程见图 7.4-23。

　　检测步骤:

　　(1)检查交流输入电压,正常应为 AC220 V 左右。

　　(2)空气开关闭合后,出入两端电压都应为 AC220 V 左右;闭合后,有输入无输出说明空气开关故障,需更换;空气开关无法闭合,说明负载有短路,可以用逐一断开负载的方法进行排除。

　　(3)开关电源输入电压为 AC220 V,输出直流供电电压 12.8 V,蓄电池充电电压直流 13.8 V,说明开关电源正常;若电源电压输入正常,输出异常,说明开关电源故障。

　　(4)保险管指示灯若亮起,说明保险管损坏,需更换。

　　(5)连接情况下,测量蓄电池的充电电压,正常应为直流 13.8 V,断开交流输入,测量蓄电

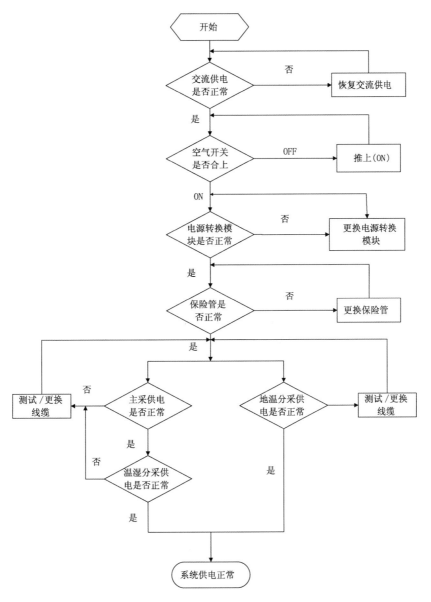

图 7.4-23　供电系统故障排查流程图

池供电电压,正常应为直流 12.6 V 左右,如果电压过低,需更换蓄电池。

(6)检查线缆

分别检查主采、地温分采集器供电是否正常。若主采供电正常再检查温湿度分采供电是否正常。若不正常,则更换供电电缆。

2. 通信系统故障

通信系统故障主要表现为数据全部缺测,由于测量点较多,故应根据接线图,按信号流向,分段测量,有序排查。

需要更换故障部件时,一定要断开供电。

通信系统故障排除流程见图 7.4-24。

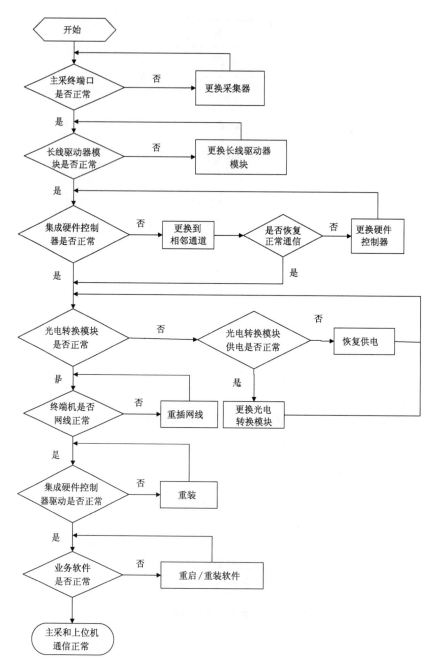

图 7.4-24　通信系统故障排除流程

检测步骤：

（1）光纤检查：

用激光测试笔检查光纤是否断开，如断开则重新进行熔接，或更换一组备用光纤。

（2）光纤通信模块检查：

查看光纤模块 POWER 灯是否常亮，供电是否正常。

检查光纤通信模块的 DIP 开关设置是否为："ON、OFF、OFF、OFF"（1、2、3、4 位）。

长线驱动器检查:外观及接口布局见图 7.4-25。

a)测量长线驱动器的供电,正常应为 12 V 左右。

b)观察长线驱动器运行状态指示灯,在通信时绿色指示灯大约 1 min 闪烁一次。

c)数据传输测试

将主采集器终端上的接线端子取下,短接端子的 R 和 T 端口,在计算机端用串口调试软件任意发送一组字符串,应返回显示相同的字符串,如果收到乱码,说明长线驱动器故障,需更换。

(3)综合集成硬件控制器检查

a)检查硬件控制器的驱动程序是否正常,若不正常,则重新安装。

b)用 ping 命令可以检测计算机 RJ45 网口→网线→光纤转换模块→光纤→综合集成硬件控制器的线路是否正常。

图 7.4-25 长线驱动器实物图

如综合集成硬件控制器的 IP 地址为 192.168.1.1,则在计算机终端输入

ping␣192.168.1.1␣—t↙。若不能 ping 通,说明这部分线路故障。

(4)网线检查

更换网线后再次进行 ping 测试,如恢复正常,说明网线故障,否则应为计算机网口故障,更换网口或计算机再试。

(5)检查硬件控制器的驱动程序安装,若不正常,则重新安装

用通信线连接计算机和主采集器串口,从计算机端发送测试命令(如"DMGD"),若无数据返回,说明驱动或主采集器串口损坏,应重装驱动或更换主采集器。

(6)检查业务软件是否正常。

3. 主采集器故障

当电源和通信系统均正常工作时,应重点检查主采集器是否正常。主采集器故障检测流程见图 7.4-26。

检测步骤:

(1)检查主采集器供电

测量 BATT 口正负极之间的电压,应为直流 12 V 左右。否则,按照供电系统接线图进行测量检查,找出故障点。

(2)检查运行状态指示灯

主采集器内嵌操作系统每次启动约需 1 min,启动期间 RUN 灯熄灭;启动完成 RUN 灯进入秒闪状态;CF 卡指示灯只在进行读写操作时才会闪烁。

若指示灯闪烁异常,应更换主采集器。

(3)检查主采集器通信

连接计算机和主采集器串口,从计算机端发送测试命令(如"DMGD"),若无数据返回,说明主采集器或其串口损坏,应更换主采集器。

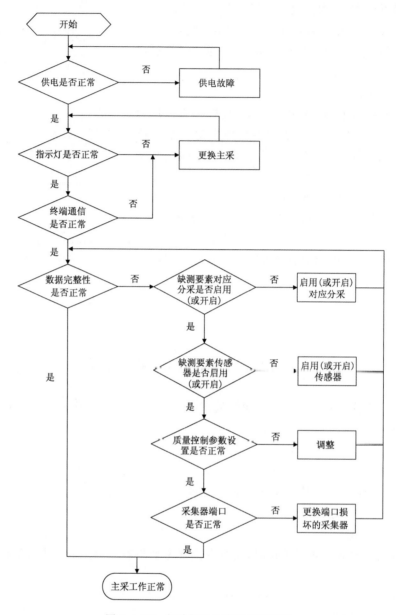

图 7.4-26　主采集器故障排查流程图

（4）检查数据完整性

a）若某一或部分要素缺测，首先确认连接该要素的分采集器是否已经启用（或开启）。参照指令 DAUSET 相关内容。

b）若某一要素缺测，要确认缺测要素传感器是否启用（或开启）。参照 SENSET 相关内容。

c）经过以上两步检查确认无误，但是某要素仍然缺测，查看该要素的质量控制参数知否设置正常。

d）若经过以上三个步骤后，问题依然存在，则是采集器对应传感器接口故障，更换采集器。

4.分采集器故障

分采集器故障排查流程见图7.4-27。

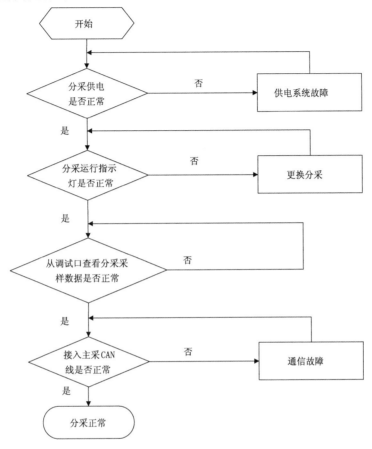

图7.4-27 分采故障排查流程图

检测步骤：

（1）检查分采供电

参照供电系统接线图,测量温湿度分采集器和地温分采集器的供电是否为12 V左右。

（2）检查分采集器运行指示灯

a)温湿度分采集器面板上无运行指示灯。

b)地温分采集器面板上运行指示灯的含义：

RUN:地温分采工作时常亮；

COM:串口通信时闪烁；

CANR:CAN总线接收数据时闪烁；

CANT:CAN总线发送数据时闪烁

（3）检查分采集器返回数据

连接计算机和分采集器调试口,从计算机端发送测试命令,若无数据返回,说明分采集器故障,进行更换。

温湿度分采集器测试命令:SAMPLE

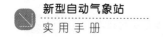
地温分采集器测试命令:GCD↙

返回数据含义:

日期＿时间＿草面温度地面温度＿5cm 地温＿10cm 地温＿15cm 地温＿20cm 地温＿40cm 地温＿80cm 地温＿160cm 地温＿320cm 地温＿红外地温＿电压 1＿红外地温＿电压 2＿电池电压＿主板温度。

所有测量数据保留两位小数,扩大 100 倍显示,"/"表示没有对应的观测项目。

测试数据返回界面见图 7.4-28。

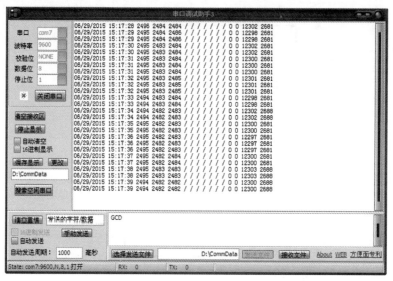

图 7.4-28　地温分采集器串口返回数据

(4)若经上述检查,仍不能与主采集器通信,还要考虑分采集器 CAN 通信口是否故障。

7.5　DZZ1-2 型自动气象站

DZZ1-2 型自动气象站由广东省气象计算机应用开发研究所研制。其配置见表 7.5-1。

表 7.5-1　DZZ1-2 型自动气象站配置表

部件分类	部件名称	部件型号
传感器	气温传感器	PT100
	湿度传感器	HYHMP155A
	风速传感器	EL15-1C
	风向传感器	EL15-2C
	气压传感器	PTB330
	翻斗式雨量传感器	SL3-1
	蒸发传感器	AG2.0
	地温传感器	PT100
	称重式降水传感器	DSC2/DSC3
	能见度传感器	Belfort6000/ DNQ3
	雪深传感器	DSJ1

部件分类	部件名称	部件型号
采集设备	主采集箱	DZZ1-2
	地温集线箱	DZZ1-2-TG
	主采集器	DZZ1-2
	地温集线器	DZZ1-2-TG
通信设备	隔离增强器	DZZ1-2-IS
	光纤通信盒	MOXA TCF-142-M-ST
	综合集成硬件控制器	DPZ1
	综合集成硬件控制器箱	ZQZ-PT1
电源设备	电源模块	DZZ1-2-LD

7.5.1　采集设备

1. 数据采集器

（1）DZZ1-2 数据采集器

DZZ1-2 数据采集器的技术性能指标见表 7.5-2，外观及接口布局见图 7.5-1，组成结构见图 7.5-2。

表 7.5-2　主采集器技术性能指标

MCU 特性	处理器	32 位 ARM9，STM32F207x 系列
	主频	200 MHz
测量性能	A/D 转换精度	2 个 16 位
时钟性能	实时时钟	误差＜15 s/月
传感器接口	气温	1 个模拟通道，接 PT100 传感器
	湿度	1 个模拟通道，接 HYHMP155A 传感器
	地面温度	1 个模拟通道，接 PT100 传感器
	草面温度	1 个模拟通道，接 PT100 传感器
传感器接口	深层地温	4 个模拟通道，接 PT100 传感器
	浅层地温	4 个模拟通道，接 PT100 传感器
	蒸发	1 个模拟通道，接 AG2.0 传感器
	气压	1 个 RS-232，接 PTB330 传感器
	风向	7 个 I/O 通道，接 EL15-2C 传感器
	风速	1 个 I/O 通道，接 EL15-1C 传感器
	能见度	1 个 RS-232，接 Belfort6000/ DNQ3 传感器
	降雨量	1 个 I/O 通道，接 SL3-1 传感器
	称重降水	1 个 RS-232，接 DSC2/DSC3 传感器
	雪深	1 个 RS-232，接 DSJ1 传感器
	门开关	1 个 I/O 通道
通信接口	RS-232	8 个
	RS-485	4 个
	CAN	1 个
	RJ45	1 个
	USB-HOST	1 个

续表

其他接口	指示灯	3 个电源状态灯、1 个工作状态灯
	编程接口	1 个
	外存储器	1 个
	LED 显示	1 个
	电源输出	多个
	可控电源输出	1 个
电气性能	供电电压	220 V
	功耗	<2 W
监测功能	主板温度测量	具备
	主板电压测量	具备
	交流供电检测	具备
	机箱门状态检测	具备
环境适应性	工作温度范围	−20～70 ℃
	工作湿度范围	0～100%
	抗浪涌能力	10 kA
尺寸及重量	尺寸	300 mm×200 mm×100 mm
	重量	3000 g

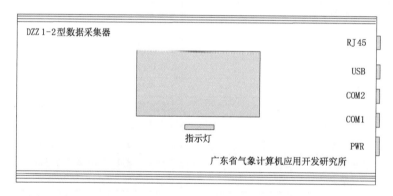

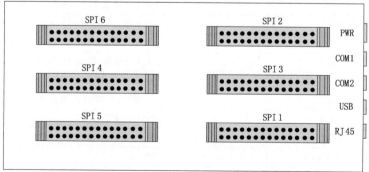

图 7.5-1　外观及接口布置图

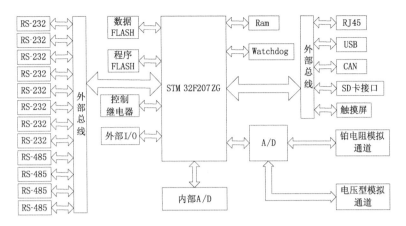

图 7.5-2　主采集器组成结构图

（2）DZZ1-2 地温集线器

地温集线器用于连接地面温度、草面温度、浅层地温和深层地温共 10 路模拟信号，可挂接草面温度、地面温度、浅层地温、深层地温传感器，地温集线器配有 14 路模拟信号接线端子。地温集线器技术性能指标见表 7.5-3，外观及接口布局见图 7.5-3，内部结构见图 7.5-4。

表 7.5-3　地温集线器技术性能指标

备用通道		4 路
电气性能	供电电压	DC 5 V
	功耗	1 W
环境适应性	工作温度范围	−20～70℃

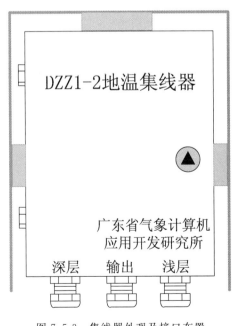

图 7.5-3　集线器外观及接口布置

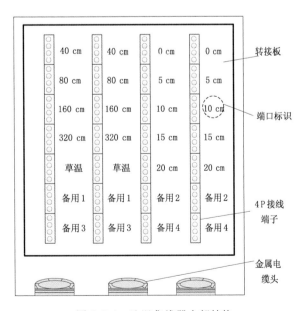

图 7.5-4　地温集线器内部结构

233

2. 采集器机箱

（1）主采集器机箱

主采集器机箱内安装 DZZ1-2 数据采集器、气压传感器、电源模块、防雷模块、电池、通信模块、信号接线板等。通过外部接口，主采集器机箱可接入风向、风速、翻斗雨量、称重降水、能见度、蒸发、雪深等传感器以及地温集线器。

主采集器机箱内部结构布局见图 7.5-5，底板结构见图 7.5-6，信号传输流程图见图 7.5-7。主采集器机箱内部连接见图 7.5-8。

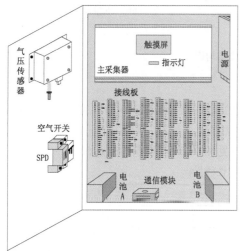

图 7.5-5　主采集器机箱内部结构布局图

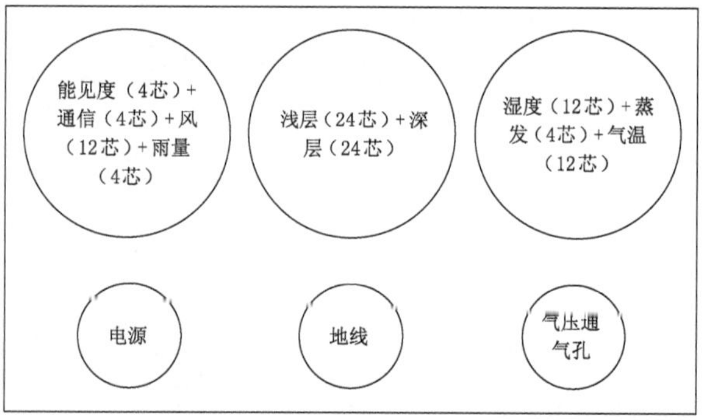

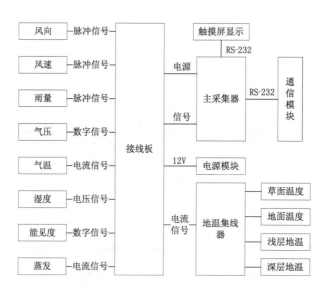

图 7.5-6　主采集器机箱底板结构图

图 7.5-7　信号传输流程图

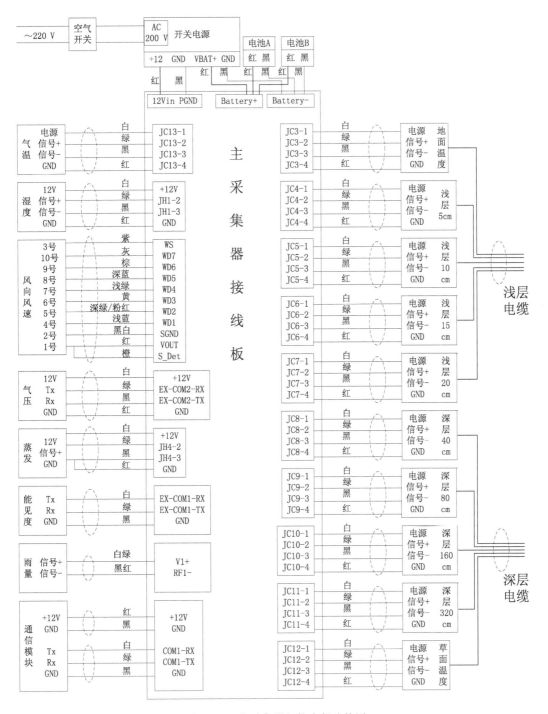

图 7.5-8　主采集器机箱内部连接图

　　DZZ1-2 主采集器机箱内配备有触摸屏,可显示当前时间及全要素气象数据,见图 7.5-9。

　　风向、风速、雨量通道每根信号线的颜色标记都与接线上的一致,温度、湿度、气压和蒸发通道的白、绿、黑、红 4 芯信号线分别对应 1、2、3、4 端口,能见度的白、绿、黑 3 芯信号线对应 EX-COM1 的 RX、TX 和 GND 端口。气温、湿度、气压、风、雨量、蒸发、能见度信号连接定义

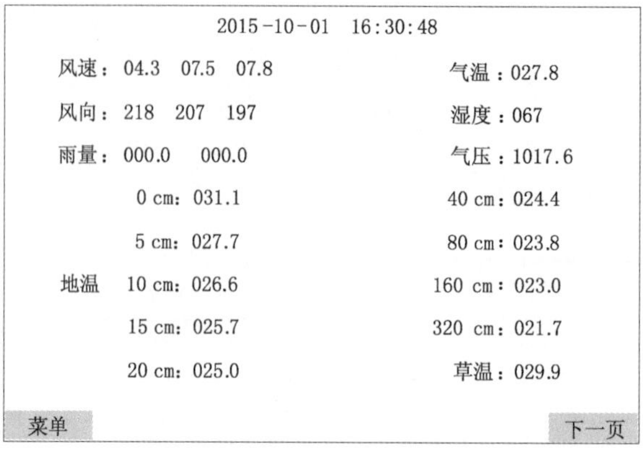

```
                    2015-10-01  16：30：48

风速：04.3  07.5  07.8              气温：027.8

风向：218  207  197                湿度：067

雨量：000.0    000.0              气压：1017.6

        0 cm：031.1              40 cm：024.4

        5 cm：027.7              80 cm：023.8

地温  10 cm：026.6             160 cm：023.0

       15 cm：025.7             320 cm：021.7

       20 cm：025.0              草温：029.9


  菜单                                      下一页
```

图 7.5-9　触摸屏主界面示意图

见表 7.5-4～表 7.5-10，接线板端口定义见图 7.5-10。

表 7.5-4　气温信号连接定义

传感器端	线缆颜色	接线板标识	采集器端
铂电阻＋（电源）	白	JC13-1	恒流源输出
铂电阻＋（信号＋）	绿	JC13-2	信号＋
铂电阻－（信号－）	黑	JC13-3	信号－
铂电阻－（地）	红	JC13-4	恒流源回路

表 7.5-5　湿度信号连接定义

传感器端	线缆颜色	接线板标识	采集器端
蓝（工作电源＋）	白	＋12 V	＋12 V
棕（信号＋）	绿	JH1-2	信号＋
粉红（信号－）	黑	JH1-3	信号－
红（电源地）	红	GND	地

表 7.5-6　气压信号连接定义

传感器端（九针公头）	线缆颜色	接线板标识	采集器端
9	白	＋12 V	＋12 V
2 发送（Tx）	绿	EX-COM2-Rx	串口接收
3 接收（Rx）	黑	EX-COM2-Tx	串口发送
5,7 并接	红	GND	地

表 7.5-7　EL15 测风传感器信号连接定义

风横臂接线盒	线缆颜色	接线板标识	采集器端
3 号	紫	WS	风速
10 号	灰	WD7	风向 7
9 号	棕	WD6	风向 6
8 号	深蓝	WD5	风向 5
7 号	浅绿	WD4	风向 4
6 号	黄	WD3	风向 3
5 号	深绿（粉红）	WD2	风向 2
4 号	浅蓝	WD1	风向 1

风横臂接线盒	线缆颜色	接线板标识	采集器端
2 号	白、黑	SGND	地
1 号	红	VOUT	＋5 V
1 号	橙色	S_Det	风检测

表 7.5-8　雨量信号连接定义

传感器端	线缆颜色	接线板标识	采集器端
信号＋	白绿并接	V1＋	信号＋
信号－	黑红并接	RF1－	信号－

表 7.5-9　蒸发信号连接定义

传感器端	线缆颜色	接线板标识	采集器端
红（工作电源＋）	白	＋12 V	＋12 V
黄（信号＋）	绿	JH4-2	信号＋
白（信号－/电源地）	黑	JH4-3	信号－
	红	GND	地

表 7.5-10　能见度信号连接定义

传感器端	线缆颜色	接线板标识	采集器端
红（发送）	白	EX-COM1-Rx	串口接收
黑（接收）	绿	EX-COM1-Tx	串口发送
屏蔽（地）	黑	GND	地

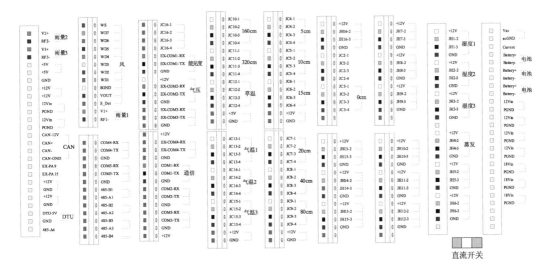

图 7.5-10　接线板端口定义图

（2）地温集线器机箱

地温集线器由机箱、立杆、信号转接板以及 4P 接线端子组成。各地温传感器线缆从地温集线器机箱底板接入信号转接板。其内部结构布局及连接示意见图 7.5-11、机箱底板接线孔示意见图 7.5-12、信号转接板连接见图 7.5-13。

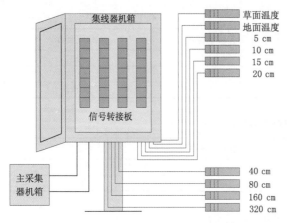

图 7.5-11　地温集线器连接示意图　　　图 7.5-12　地温集线器机箱底板接线孔示意图

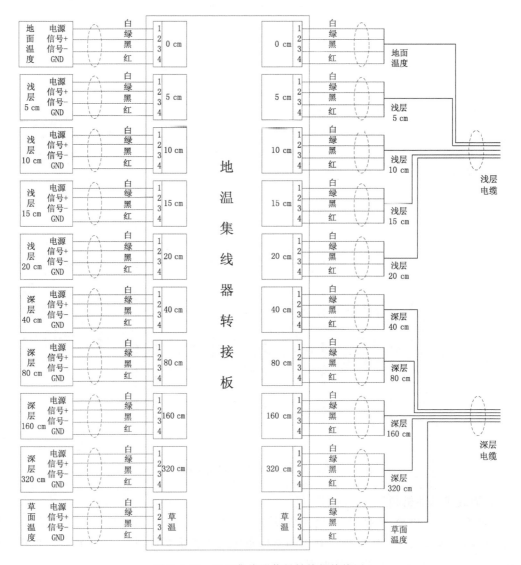

图 7.5-13　地温集线器信号转接板接线图

7.5.2　通信设备

DZZ1-2 型自动气象站的主采集器与计算机之间共有三种通信方式:串口直连、光纤通信和综合集成硬件控制器(串口服务器)通信。

1. 串口直连通信

利用 RS-232(RS-485)串口,配置长线电缆和一对串口隔离驱动转换器,实现主采集器与计算机终端之间的通信,通信流程见图 7.5-14、连接示意见图 7.5-15。

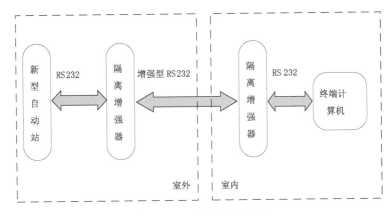

图 7.5-14　直连通信流程图

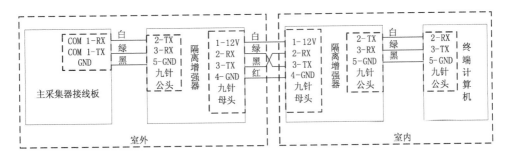

图 7.5-15　串口直连通信连接图

2. MOXA 光纤通信盒

光纤转换模块可实现 RS-232 信号转光信号与业务计算机通信,采用 AC220V 供电,计算机和光纤转换模块使用标准 RS-232 交叉电缆连接,通信流程见图 7.5-16、光纤通信盒外观及接口布置见图 7.5-17。光纤通信盒的连接方式参考图 7.5-15。

图 7.5-16　光纤直连通信流程图

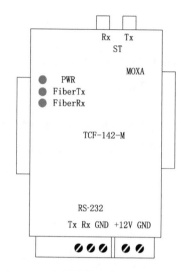

图 7.5-17　光纤通信盒外观和接口布置图

3. DPZ1 综合集成硬件控制器

主采集器通过串口将信号送入综合集成硬件控制器；综合集成硬件控制器将串行信号转换为光信号，通过光纤传输至室内光纤转换器；室内光纤转换器再将光信号转换为以太网信号，通过网线接入计算机 RJ45 口。通信流程见图 7.5-18、通信连接见图 7.5-19、综合集成硬件控制器内部连接见图 7.5-20。

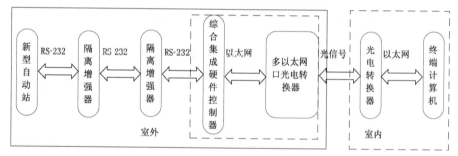

图 7.5-18　DPZ1 综合集成硬件控制器通信流程图

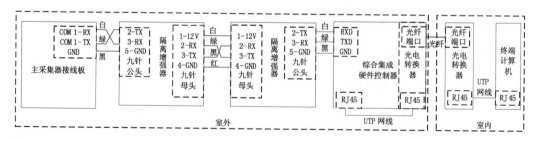

图 7.5-19　综合集成硬件控制器通信连接图

7.5.3　电源设备

DZZ1-2 型自动站的 DZZ1-2-LD 电源模块由充电控制电路、电池保护电路、工作指示灯、电池输出与充电转换电路组成，安装在主采集器机箱内。其连接示意见图 7.5-21。

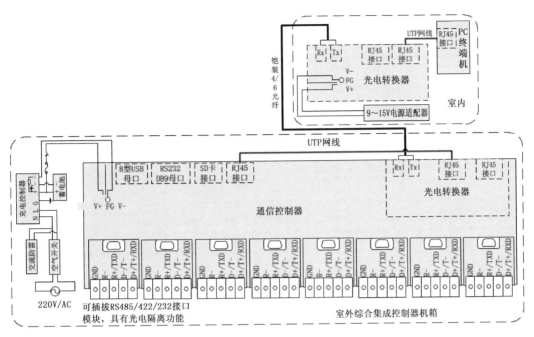

图 7.5-20　综合集成硬件控制器内部连线图

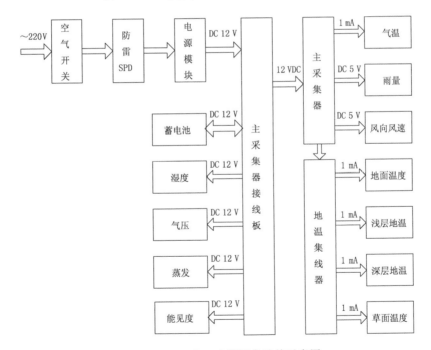

图 7.5-21　DZZ1-2 电源设备连接示意图

DZZ1-2-LD 电源模块

DZZ1-2 型自动站的 DZZ1-2-LD 电源模块由充电控制电路、电池保护电路、工作指示灯、电池输出与充电转换电路组成,安装在主采集器机箱内。电源模块的外观示意见图 7.5-22,内部连线见图 7.5-23。

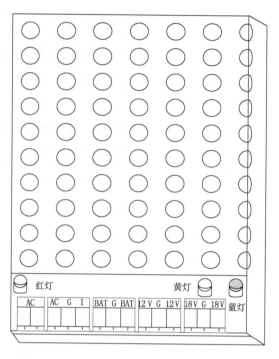

图 7.5-22　DZZ1-2-LD 电源模块的外观示意图

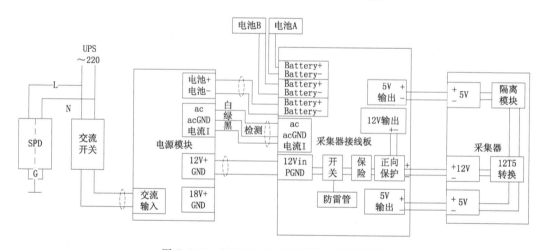

图 7.5-23　DZZ1-2-LD 电源模块内部连线图

7.5.4　检测与维修

DZZ1-2 型自动气象站出现故障时,可根据故障现象,检测电源、通信、采集等分系统,判别故障分类并进行维修。故障检测流程见图 7.5-24。

详细步骤如下:

(1)当计算机终端数据异常时,首先分析数据是个别异常还是全部异常。

(2)如果是个别要素异常,则进入相关传感器故障检测流程。

(3)如果是地温数据全部异常或缺测,则进入地温集线器故障检测流程。

(4)如果是全要素出现缺测,检查主采集器是否正常工作。

(5)如果主采集器工作正常,进入通信系统故障检测流程。

(6)如果供电异常,则转入供电系统故障检测流程,否则进入主采集器故障检测流程。

1. 供电系统故障

电源系统正常工作是自动站稳定运行的前提,自动站数据全部缺测时应首先检查是否电源系统故障,供电故障应按供电系统内部接线图,分段测量,查找故障点。

电源系统故障检测流程见图 7.5-25。

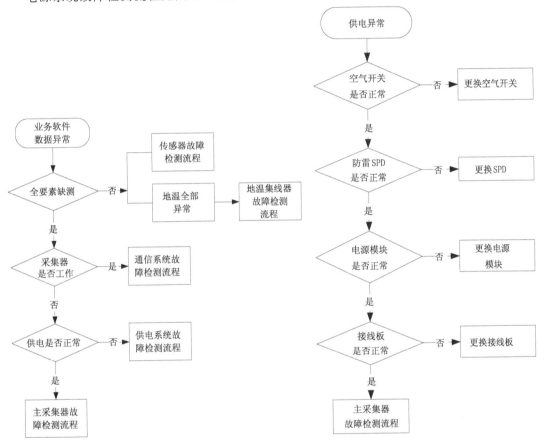

图 7.5-24　自动站故障排查流程　　　　图 7.5-25　电源系统故障检测流程图

检测步骤:

(1)关闭接线板直流开关,拔掉电源模块的交流输入插头,关闭交流空气开关。用万用表交流 750 V 档测量空气开关输入端,确认交流电 220 V 输入正常。

(2)将空气开关闭合,使用万用表交流 750 V 档测量空气开关输出端,确认输出正常,否则更换空气开关。

(3)观察 SPD 标签颜色,若由绿变红说明 SPD 失效,需更换。

(4)关闭空气开关,插入电源模块的交流输入插头,重新打开空气开关。在直流开关关闭的情况下,测量电源模块输出应为 12 V 左右,否则,更换电源模块。

(5)如果电源模块正常,打开直流开关,测量接线板直流输入端(12 V in 与 PGND),如果电压异常偏小,说明有负载短路。可采用逐一断开负载测量接线板输入电压的方法,排查短路部件。

(6)若以上检测均正常,主采集器仍无法工作,再测量接线板"+12 V"端口电压输出是否为 12 V 左右,否则,应为接线板上的过流保险、正向保护器件或者防雷器件损坏,需更换接线板。

(7)若经以上排查仍不能恢复供电,则可能是主采集器内部的电源转换芯片损坏,需更换主采集器。

2. 通信系统

通信系统故障时,表现为主采集器和计算机终端运行正常,但不能相互通信。通信系统故障检测流程见图 7.5-26。

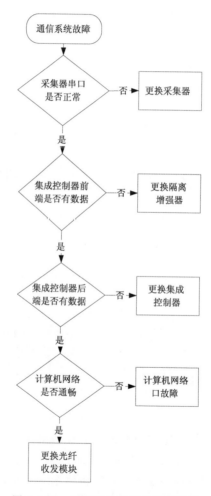

图 7.5-26　通信系统故障检测流程图

检测步骤:

(1)光纤通信故障

按图 7.5-27 所示测试点逐步进行检测。

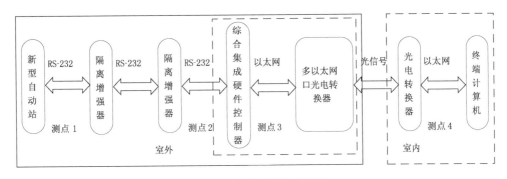

图 7.5-27　光纤通信故障测试点

a)检测主采集器串口(测点 1)

连接计算机与主采集器,用测试工具发送命令(例如"TIME"或"DMGD"),若有数据返回,说明主采集器串口正常,否则应更换主采集器。

b)检测隔离增强器(测点 2)

使用双母头调试线连接计算机和隔离增强器,隔离增强器连接主采集器,计算机对主采集器发送命令,若有数据返回,说明隔离增强器正常,否则更换隔离增强器。

c)检测综合集成硬件控制器(测点 3)

在计算机上安装综合集成硬件控制器的驱动程序,选择正确的串口号,用网络双绞线连接计算机和综合集成硬件控制器,发送命令后有数据返回,说明综合集成硬件控制器正常,否则更换综合集成硬件控制器。

d)检测计算机串口、网络双绞线、光电转换器、路由器端口等是否正常(测点 4)。

(2)直连通信故障

直连通信的通信故障测试点见图 7.5-28。排查步骤如上。

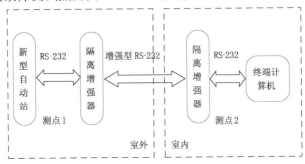

图 7.5-28　直连通信故障的测试点

3. 主采集器故障

当电源和通信系统均正常工作时,应重点检查主采集器是否正常。主采集器故障有两种情况,一种是主采集器死机导致不能工作,其排查流程如图 7.5-29 左侧所示;另一种是观测数据异常,主采集器故障检测流程见图 7.5-29。

检测步骤:

(1)主采集器死机故障排除

a)关闭接线板右下角的直流开关,断开主采集器的供电,使用万用表直流 20 V 档测量接

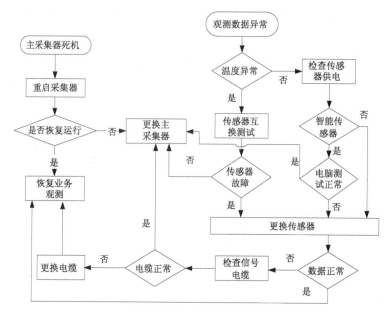

图 7.5-29　主采集器故障检测流程

线板直流开关右侧 12 V in 与 PGND 之间电压是否为 12 V 左右,确保电源模块供电正常。

b)打开直流开关,观察主采集器电源指示灯是否常亮,运行指示灯是否闪烁。

c)如不能恢复正常,则更换主采集器。

(2)要素采集故障排除

检测步骤:

a)当个别观测数据出现异常,检查是否气温、地面温度、草面温度、浅层地温或者深层地温异常。

b)如果是铂电阻温度传感器采集数据异常,避开正点采集时间,在主采集器接线板,将数据正常的温度传感器与异常的传感器互换接线,判断传感器是否故障,判断完毕马上恢复原接线。

c)如果不是温度传感器故障,更换主采集器,恢复业务观测。

d)如果是温度传感器故障,更换传感器,检查数据是否恢复正常。如果数据正常,恢复业务观测。

e)如果数据仍然异常,断开传感器供电,在接线板端,使用万用表测量短路档测量传感器信号电缆的 1、2 脚是否正常连通,3、4 脚是否正常连通,如果出现不连通的情况,更换信号电缆。

f)如果 1、2、3、4 脚与屏蔽地短路连通,同样需要更换信号电缆。更详细的温度传感器故障排查见传感器故障章节。

g)如果是其他传感器出现数据异常,在接线板端,使用万用表直流 20 V 档测量传感器供电是否正常。其中风向、风速、雨量传感器供电为 5 V,气压、湿度、蒸发、能见度和称重降水供电为 12 V。

h)如果供电正常,对于能见度、称重降水等智能传感器,在接线板端,使用笔记本电脑直接通过串口连接,测试传感器是否正常。

　　i）如果笔记本电脑测试传感器正常,更换主采集器,恢复业务观测,否则更换传感器。

　　j）如果传感器供电正常,对于其他非智能传感器,更换传感器。

　　k）如果更换传感器后数据正常,恢复业务观测,否则使用万用表检查传感器电缆是否存在短路、断路等异常情况（详细方法见传感器故障章节）。

　　l）如果电缆正常,更换主采集器,否则更换电缆,恢复业务观测。

　　4. 地温集线器故障

　　当其他要素数据正常,而各层地温数据同时异常时,可判断为地温集线器故障。

　　（1）检测地温集线器与主采集器之间信号线的通断,若为线缆故障,则更换线缆。

　　（2）如果信号线正常,则更换地温集线器。

第8章 气象辐射观测系统

气象辐射观测系统是地面气象观测系统的重要组成部分。本章介绍地面气象自动化观测系统现在用的气象辐射观测系统,包括 DFT1 型、DFT2 型两种型号,内容包括:采集系统、通信系统、供电系统、外围设备、检测维修。

气象辐射观测系统型号及生产厂家列于表 8-1。

表 8-1　气象辐射观测系统型号及生产厂家

型号	生产厂家
DFT1 型	江苏省无线电科学研究所有限公司
DFT2 型	华云升达(北京)气象科技有限责任公司

8.1　DFT1 型气象辐射观测系统

DFT1 型气象辐射观测系统(原 WUSH-RS 辐射观测站)由江苏省无线电科学研究所有限公司研制。其配置见表 8.1-1。

表 8.1-1　DFT1 型气象辐射观测系统配置表

部件分类	部件名称	部件型号
传感器	总辐射传感器	FS-S6
	散射辐射传感器	FS-S6
	反射辐射传感器	FS-S6
	直接辐射传感器	FS-D1
	大气长波辐射传感器	FS-T1
	地面长波辐射传感器	FS-T1
	光合有效传感器	FS-PR
采集设备	采集器机箱	DFT1
	采集器	WUSH-BFS
通信设备	光纤通信盒	WUSH-PBF
	网络通信盒	ZQZ-PT2
	综合集成硬件控制器	DPZ1
	综合集成硬件控制器机箱	ZQZ-PT1
电源设备	电源箱	DZZ4-PD

部件分类	部件名称	部件型号
	太阳跟踪器	FS-ST33
配套设备	加热通风器	FS-FV
	遮光装置	FS-FG1

8.1.1　采集设备

1. WUSH-BFS 数据采集器

WUSH-BFS 数据采集器可挂接辐射气象要素传感器。其技术性能指标见表 8.1-2,外观及接口布置见图 8.1-1。

表 8.1-2　数据采集器技术性能指标

MCU 特性	处理器	32 位 ARM9 系列 ATMEL AT91SAM9263
	处理器主频	最高 200 MHz
测量性能	A/D 转换精度	24 位
时钟性能	实时时钟	误差<15 s/月
传感器接口	总辐射	1 个模拟通道,用于测量电压值
	直接辐射	1 个模拟通道,用于测量电压值
	散射辐射	1 个模拟通道,用于测量电压值
	反射辐射	1 个模拟通道,用于测量电压值
	大气长波辐射	1 个模拟通道,用于测量电压值
	地面长波辐射	1 个模拟通道,用于测量电压值
	净全辐射	1 个模拟通道,用于测量电压值
	光合有效辐射	1 个模拟通道,用于测量电压值
	紫外 A 辐射	1 个模拟通道,用于测量电压值
	紫外 B 辐射	1 个模拟通道,用于测量电压值
	大气长波辐射腔体温度	1 个模拟通道,用于测量铂电阻值
	地面长波辐射腔体温度	1 个模拟通道,用于测量铂电阻值
	总辐射通风速度	1 个频率通道,用于测量频率值
	散射辐射通风速度	1 个频率通道,用于测量频率值
	大气长波辐射通风速度	1 个频率通道,用于测量频率值
	太阳跟踪器	1 个 RS-232 接口,接入 FS-ST33 型太阳跟踪器
	门开关	1 个数字通道
通信接口	RS-232	5 个
	CAN	1 个
	RJ45	1 个
	USB-HOST	2 个
	USB-DEV	1 个

其他接口	指示灯	系统指示灯 CF 卡指示灯
	编程接口	2 个
	外存储器接口	1 个 CF 卡接口
	电源输出	4 个
电气性能	供电电压	DC 12 V
	功耗	<1 W
环境适应性	工作温度范围	−50～80℃
监测功能	主板温度测量	具备
	主板电压测量	具备
	交流供电检测	具备
	机箱门状态检测	具备
物理参数	尺寸	208 mm×105 mm×44 mm
	重量	1000 g

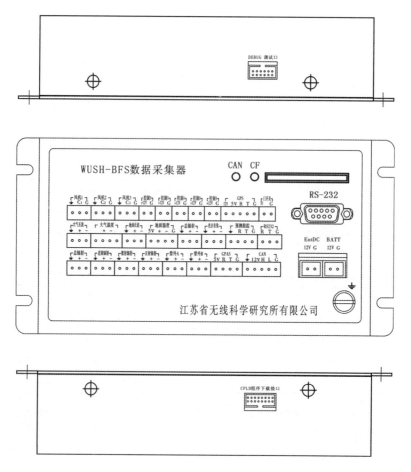

图 8.1-1　WUSH-BFS 数据采集器外观及接口布置示意图

2. 采集器机箱

采集器机箱内安装 WUSH-BFS 数据采集器、光纤转换模块、空气开关、开关电源、蓄电池、充电模块及防雷模块等,外部接口为防水接头。通过外部接口,采集器机箱可接入辐射传感器,连接电源和综合集成硬件控制器。

采集器机箱内部结构布局见图 8.1-2,内部连线见图 8.1-3,系统连线图见图 8.1-4。

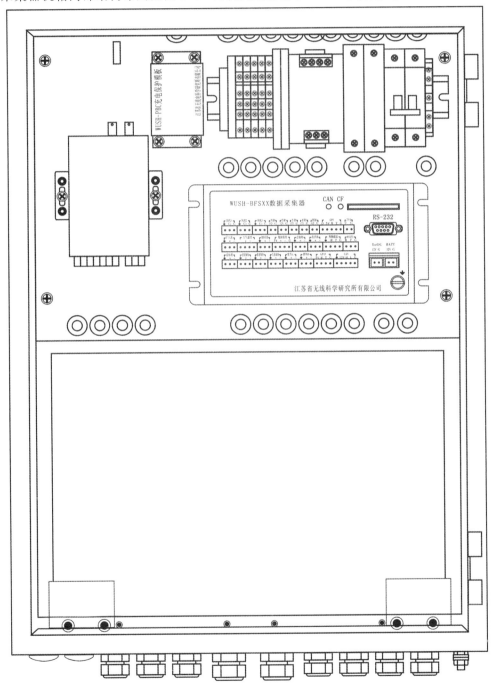

图 8.1-2　主采集器机箱内部结构布局图

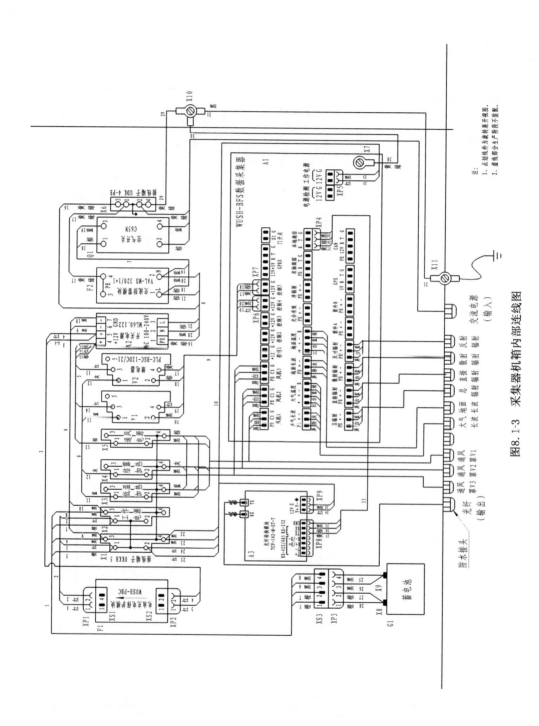

图8.1-3 采集器机箱内部连线图

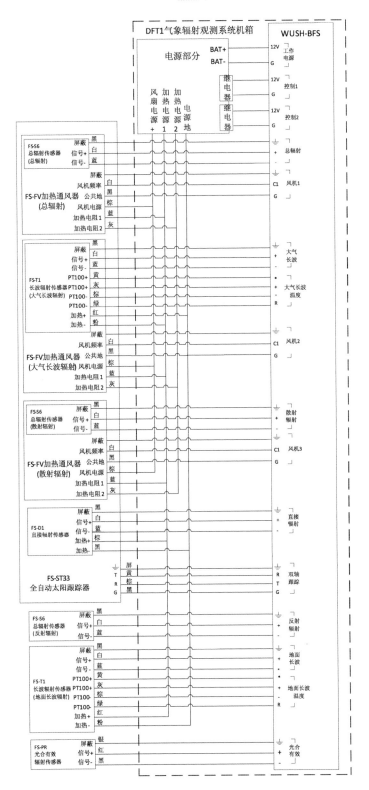

图 8.1-4　采集器机箱系统连线图

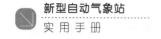

8.1.2　通信设备

参见第 7 章 7.2。

8.1.3　电源设备

DFT1 型气象辐射系统的电源部分与采集部分都安装在采集器机箱内,参见第 7 章 7.2。

8.1.4　外围设备

1. 太阳跟踪器

DFT1 型气象辐射观测系统采用 FS-ST33 全自动太阳跟踪器,它通过太阳传感器检测太阳位置,并配合时间算法,实现全天候的太阳自动跟踪。FS-ST33 全自动太阳跟踪器由控制系统、跟踪转台、太阳传感器和电源系统等组成。太阳跟踪器外形结构见图 8.1-5,电源箱布局见图 8.1-6,电源箱内部连线图见 8.1-7。

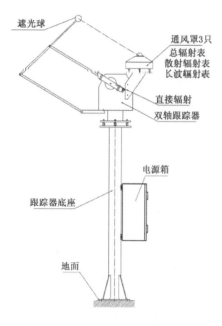

图 8.1-5　太阳跟踪器外观结构图

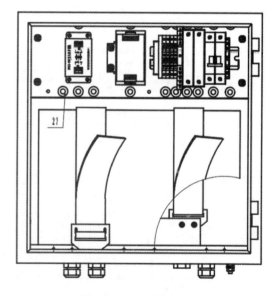

图 8.1-6　电源箱布局图

2. 加热通风器

FS-FV 加热通风器是应用于总辐射、散射辐射、大气长波辐射等传感器的辅助设备。它通过通风、加热的方法减少辐射传感器热偏移,预防和减轻结露、结霜和其他降水现象对辐射传感器的影响,提高传感器测量精度。加热通风器外形结构见图 8.1-8。

3. 遮光装置

FS-FG1 遮光装置是配备遮光球的一套四连杆机构,它安装在全自动太阳跟踪器上,随着跟踪器的方位和高度变化带动连杆机构,使遮光球总是能够遮挡太阳对辐射传感器感应面的直接照射。可以配备两个遮光球,分别对散射辐射传感器和大气长波辐射传感器进行太阳

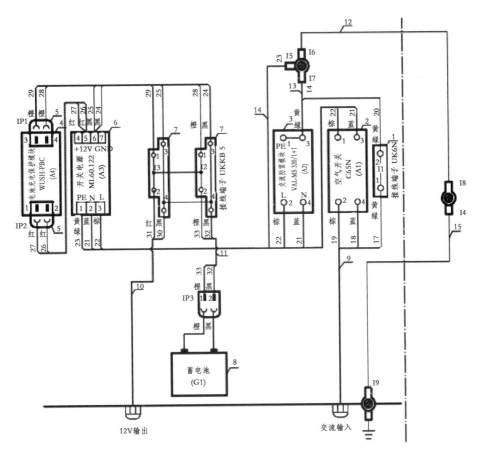

图 8.1-7　电源箱内部连线图

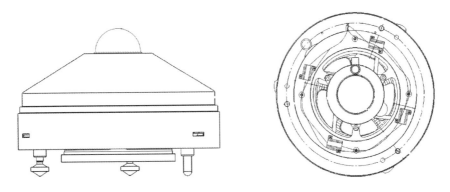

图 8.1-8　加热通风器外形结构图

遮挡。

8.1.5　检测与维修

DFT1 型气象辐射观测系统出现故障时,可根据故障现象,检测电源、通信、采集等分系统,判别故障分类并进行维修。检测与维修流程见图 8.1-9。

1. 电源系统

电源系统正常工作是辐射观测系统稳定运行的前提,辐射观测系统数据全部缺测时应首先检查是否电源系统故障。电源系统发生故障时可按如下步骤检查。

检测步骤:

(1)检查空气开关是否在 ON 位置;

(2)分别测量开关电源的交流输入 220 V 电压、直流输出 14.5 V 电压、蓄电池直流输出 13.8 V 电压是否正常;

(3)防雷模块是否被雷击击穿。

2. 通信系统

通信系统故障时,表现为数据采集器和计算机终端运行正常,但不能相互通信。通信系统故障可按如下步骤检查:

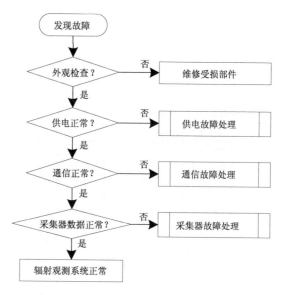

图 8.1-9 辐射观测系统检测与维修流程图

检测步骤:

(1)查看光纤通信模块 POWER 灯是否常亮,Tx、Rx 灯交替闪烁;

两个光纤通信模块上的光纤应是交叉连接,Tx(发)—Rx(收);

光纤通信模块的 DIP 开关设置应为

"ON、OFF、OFF、OFF"(1、2、3、4 位)。

(2)检查光纤插头是否接触可靠。

(3)用激光测试笔检查光纤是否断开,如断开则重新进行熔接,或更换一组备用光纤。

(4)确认通信参数设置正确,计算机串口工作正常。

(5)计算机切勿设置休眠模式,"系统待机"、"关闭硬盘时间",应全部设为"从不",否则会影响业务软件正常运行。

3. 数据采集器

数据采集器正常运行时,红色"RUN"状态指示灯应为秒闪,如果闪烁不正常,说明数据采集器故障。

数据采集器故障还表现为某通道或内部模块损坏,需更换数据采集器。

4. 其他硬件

1. 传感器故障,参见第五章相关章节;

2. 防雷模块故障,也会造成无法正常采集和通信,要注意检查,必要时进行更换。

8.1.6 日常维护

1. CF 卡操作

请参见第 7 章 7.2。

2. WUSH-BFS 数据采集器嵌入式软件升级

升级步骤和方法请参见第 7 章 7.2。

3. 传感器启用配置

用户可根据实际观测项目配置传感器的启用。

启用传感器的命令为：SENST＿xx＿1↙。其中 xx 为传感器标识符（1 为开启，0 为关闭）。

4. 传感器维护

请参见第五章相关章节。

8.2　DFT2型气象辐射观测系统

DFT2 型气象辐射观测系统由华云升达（北京）气象科技有限责任公司研制。其配置见表8.2-1。

表 8.2-1　DFT2 型气象辐射观测系统配置表

部件分类	部件名称	部件型号
传感器	总辐射传感器	TBQ-2-B/HYCMP11
	散射辐射传感器	TBQ-2-B/HYCMP11
	反射辐射传感器	TBQ-2-B/HYCMP11
	直接辐射传感器	TBS-2-B/HYCHP1
传感器	大气长波辐射传感器	HYDFT-1
	地面长波辐射传感器	HYDFT-1
	净全辐射	FNP-1
采集设备	采集器机箱	DFT2
	采集器	HY1322
通信设备	长线驱动器	P-580
	光纤通信盒	DZZ5 通信转换单元 TCF-142
	网络通信盒	DZZ5 通信转换单元 DPZ1
	综合集成硬件控制器	DPZ1
	综合集成硬件控制器机箱	DPZ1
电源设备	电源箱（可选）	DY05
配套设备	太阳跟踪器（含遮光装置）	STS-2
	加热通风器	HYPVS-1

8.2.1　采集设备

1. HY1322 数据采集器

HY1322 数据采集器可挂接辐射气象要素传感器。其技术性能指标见表 8.2-2，外观及接口布置见图 8.2-1。

表 8.2-2　数据采集器技术性能指标

MCU 特性	处理器	ARM7 系列
测量性能	A/D 转换精度	24 位
时钟性能	实时时钟	误差＜15 s/月

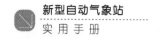
MCU 特性	处理器	ARM7 系列
传感器接口	总辐射	1 个模拟通道,用于测量电压值
	直接辐射	1 个模拟通道,用于测量电压值
	散射辐射	1 个模拟通道,用于测量电压值
	反射辐射	1 个模拟通道,用于测量电压值
	净全辐射	1 个模拟通道,用于测量电压值
通信接口	RS-232	3 个数字传感器通道、1 个调试串口
	CAN	1 个
其他接口	指示灯	3 个
	编程接口	1 个
	电源接口	1 个
电气性能	额定供电电压	DC12 V
	功耗	<0.5 W
环境适应性	工作温度范围	−40~80℃
监测功能	主板温度测量	具备
	主板电压测量	具备
物理参数	尺寸	208 mm×105 mm×44 mm
	重量	1200 g

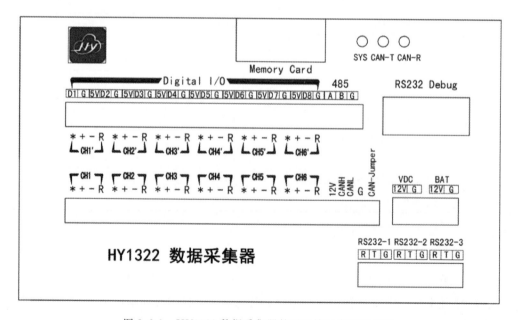

图 8.2-1　HY1322 数据采集器外观及接口布置示意图

2. 采集器机箱

采集器机箱内安装 HY1322 数据采集器、防雷板等,外部接口为防水接头。通过外部接口,采集器机箱可接入辐射传感器,连接电源和综合集成硬件控制器。

采集器机箱内部结构布局见图 8.2-2,采集器机箱连线见图 8.2-3,采集器内部连线见图 8.2-4。

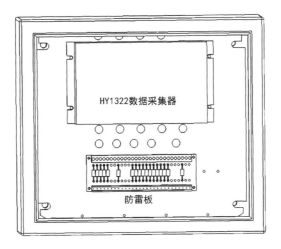

图 8.2-2 采集器机箱内部结构布局图

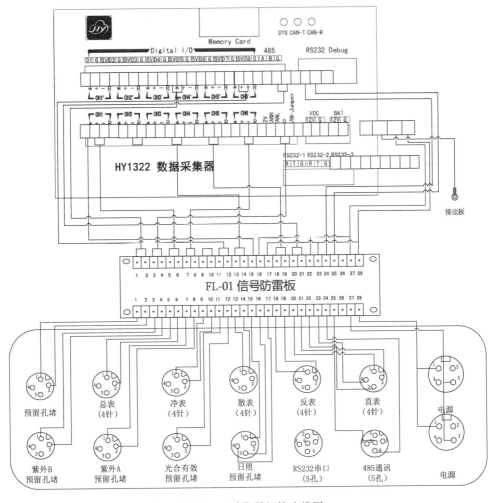

图 8.2-3 采集器机箱连线图

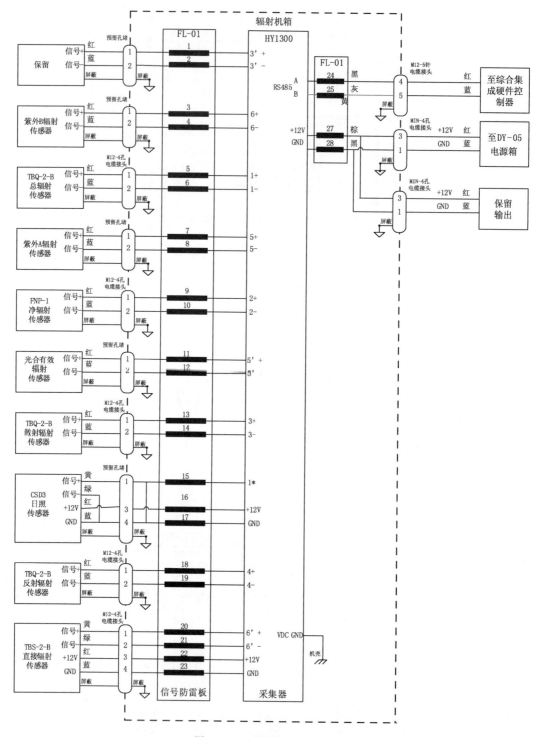

图 8.2-4 采集器内部连线图

8.2.2 通信设备

DFT2 型气象辐射系统通过 RS-232 串口经综合硬件集成控制器与业务软件连接通信,参见第 7 章 7.3。

8.2.3 电源设备

DFT2 型气象辐射观测系统电源从 DZZ5 新型自动站的地温分采机箱处引入,参见第 7 章 7.3。

8.2.4 外围设备

1. 太阳跟踪器

DFT2 型气象辐射观测系统采用 STS-2 全自动太阳跟踪器,它通过太阳传感器检测太阳位置,并配合时间算法,实现全天候的太阳自动跟踪。STS-2 全自动太阳跟踪器由控制系统、跟踪转台、太阳传感器和电源系统等组成。太阳跟踪器外形结构见图 8.2-5 。

2. 加热通风器

HYPVS-1 加热通风器是应用于总辐射、散射辐射、大气长波辐射等传感器的辅助设备。它通过通风、加热的方法减少辐射传感器热偏移,预防和减轻结露、结霜和其他降水现象对辐射传感器的影响,提高传感器测量精度。加热通风器外形结构见图 8.2-6。

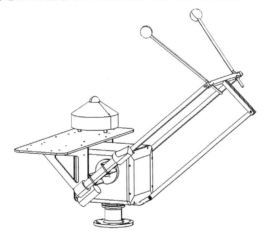

图 8.2-5 太阳跟踪器外观结构图

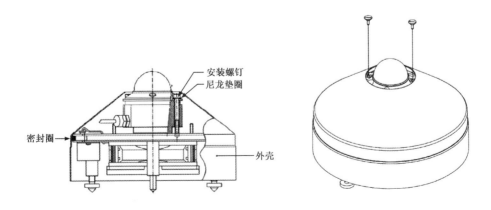

图 8.2-6 加热通风器外形结构图

3. 遮光装置

遮光装置的作用是保证从日出到日落能连续遮住太阳直接辐射不落到感应面上。

常用的有两种：遮光球和圆弧形遮光环。

(1)遮光球：用太阳跟踪器带动跟随太阳运动，使遮光球的阴影始终落在感应面上；

遮光球由遮光球体、连接杆组成，球体直径 50～68 mm，连接杆长度 505～840 mm，两者配合使用，遮光角度为 5°。遮光球需搭载在太阳跟踪器上。

(2)遮光环：将环面对着太阳在天球上的视运动轨迹，保证遮光环在任何时刻都遮住太阳的直接辐射落不到感应面上。

遮光环由遮光环圈、标尺、丝杆调整螺旋、支架、底盘等组成。遮光环环圈的宽度 65 mm，直径 400 mm。固定在标尺的丝杆调整螺旋上，标尺上部刻有赤纬刻度，下部刻有纬度刻度。标尺与支架固定在底盘上，对好当地纬度，用底盘上的 3 个水平调整螺旋调好底座水平。总辐射表安装在支架平台上，位于遮光环圈的中心。每天转动丝杆螺旋对准当日的赤纬，遮光环就能连续遮住太阳直接辐射。

8.2.5　检测与维修

DFT2 型气象辐射观测系统出现故障时，可根据故障现象，检测电源、通信、采集等分系统，判别故障分类并进行维修。检测与维修流程见图 8.2-7。

1. 电源系统

电源系统正常是辐射观测系统稳定运行的前提。辐射观测系统数据全部缺测时，应首先检查是否电源系统故障。电源系统发生故障时，需用数字万用表直流 20 V 挡测量数据采集器的电源端子，电压应在直流 10.8～14.0 V。如供电异常，需检查新型站的供电系统及供电线缆。

2. 通信系统

通信系统故障表现为数据采集器和计算机终端运行正常，但不能相互通信。此时，需首先

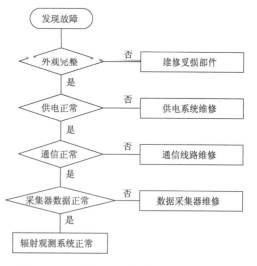

图 8.2-7　辐射观测系统检测与维修流程图

检查综合硬件集成控制器是否工作正常，然后检查通信线缆是否连接可靠。

3. 数据采集器

数据采集器正常运行时，红指示灯应为秒闪，如果闪烁不正常，说明数据采集器故障，需更换数据采集器。

可通过业务软件向数据采集器发送"READDATA"命令，查看实时数据，以确认 DFT2 辐射观测系统及辐射传感器是否工作正常。

8.2.6　日常维护及使用注意事项

1. 日常维护

用户需定期检查采集器供电电压、太阳跟踪器跟踪情况、遮光装置的遮挡情况。

平时要经常保持遮光环部件的清洁和丝杆转动灵活。发现丝杆有灰尘或转动不灵活时，尤其是风沙过后，要与汽油或酒精将丝杆擦拭干净。较长时间不使用，应将遮光环取下或用罩盖好，以免丝杆和金属部件锈蚀。长期使用时，当发现环圈颜色（内黑外白）褪色或脱落时，应重新上漆。

2. 注意事项

DFT2 型气象辐射观测系统的数据采集器中存储有各个辐射传感器的灵敏度，需通过终端命令进行设置。

例如：总辐射灵敏度值 10.32，单位为微伏每瓦每平方米（$\mu V \cdot W^{-1} \cdot m^{-2}$），则键入命令为：

　　　　SENSI_GR_10.32 ↙

返回值：<F>表示设置失败，<T>表示设置成功。

若数据采集器中的净辐射灵敏度值白天为 9.34，夜间为－10.20，直接键入命令：

　　　　SENSI_NR ↙

正确返回值为<9.34/－10.20>。